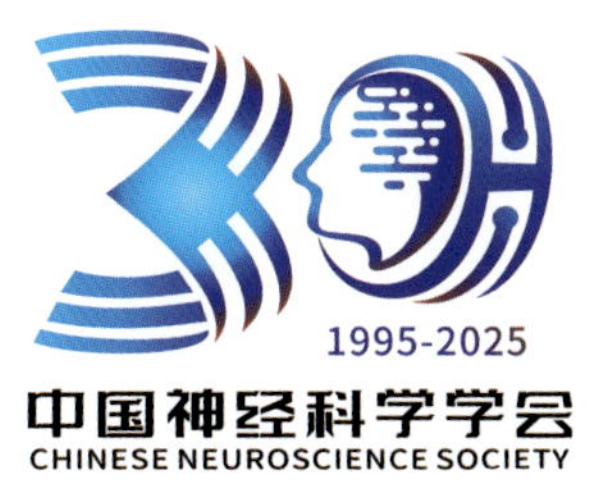

启征程　致远航

中国神经科学学会三十周年纪念

中国神经科学学会　编

中国科学技术出版社
·北　京·

编 写 组

主　　编：张　旭

执行主编：徐天乐

成　　员：鲍　岚　陈　军　何　成　何士刚　胡志安

李葆明　李云庆　路长林　罗建红　孙凤艳

王建军　王晓民　谢国扬　谢俊霞　徐广银

赵继宗　张玉秋　周嘉伟　周江宁　陈　静

傅　璐　韩　雪　李　超　王娜娜　张继慧

张意格

序一

我与中国神经科学学会的筹备和成立

中国神经科学学会的筹备和成立，包括三个重要的学术组织活动。一是 1992 年的全国神经科学学术会议。那时，中国神经科学学会尚未成立，这个会议起到了造舆论、做筹备的作用。二是 1994 年召开的中国神经科学学会筹备会议。上级已经批准成立中国神经科学学会，学会工作进入实质性阶段。三是 1995 年召开的中国神经科学学会第一次学术会议。这次会议宣布学会成立，交流并检阅了全国神经科学学术工作，通过了学会章程。

1992 年全国神经科学学术会议

中国神经科学学会是 1994 年成立的。在这之前，上海市神经科学学会已在 1985 年成立，吴建屏是理事长，我是副理事长。在 1994 之前，北京市的神经科学学会也已成立，韩济生是理事长。当时大家都想，应该成立中国神经科学学会。但是用一个什么样的形式把它推动起来呢？我、韩济生、吴建屏等人交换意见，决定在上海召开一次全国性的神经科学学术会议，具体工作由相关学会来做。于是，1992 年秋天，由北京神经科学学会、上海神经科学学会、中国生理学会的神经生理学专业委员会（我是主任委员）联合组织了全国性的神经科学讨论会。

这次会议实际上是想为组织成立中国神经科学学会而做一次全面的学术检阅。会议开得很隆重，到会的人很踊跃，除了搞神经生理的，还有神经解剖、神经内分泌、神经化学的人，大家都来参加会议。会议三天的日程排得满满的。同时还邀请几位外国专家作报告，其中包括洛克菲勒大学神经内分研究室主任麦克尤恩（McEwen，他后来是美国科学院院士）。会议期间召开座谈会，讨论是否需要以及如何成立中国神经科学学会的问题。大家一致希望成立中国神经科学学会。会后由冯德培先生、张香桐先生领衔，我们做具体工作，向中央打报告，申请成立中国神经科学学会。在上海有几个活跃的人，我、吴建屏等，北京的韩济生具体负责向中国科学技术协会打报告的事。中国科协管全国的所有学会，新学会成立要由他们批准。我记得很清楚，我和吴建屏等几个人关在脑研究所的一个房间里写报告，报告草稿写好后，送给冯先生、张先生修改，最后形成报告定稿。在那次报告起草过程中我第一次体会到，冯先生的写作真是非常严肃。我们这些人已经是非常认真了，但冯先生仍做了大量的修改，他的措辞非常精简，废话都要删除。张先生也是如此。

报告打上去以后，中国科协要审查。当时有的领导不太了解神经科学是怎么一回事，为什么要另搞神经科学。为此，北京的韩济生做了很多工作。韩济生告诉我，他还请了北医小儿神经内科的吴希如教授帮忙，一起去中国科协做了解释工作。

1994 年中国神经科学学会筹备会议

1994 年春，中国科协批准中国神经科学学会可以成立，于是筹备工作进入实质性启动阶段。借武汉正在召开中国生理学会全国大会的机会，我们决定在武汉召开中国神经科学学会成立筹备会议。筹备会议推选了理事长、副理事长，以及初步的理事名单。国际脑研究组织负责人瑞典奥托森（Ottosson）教授也来参加会议。香港的神经科学家叶玉如（Nancy）、于常海都积极参与讨论。会议决定 1995 年在上海召开中国神经科学学会第一届会员大会暨学术会议，就在第二军医大学。我自始至终参与了筹备，心里非常兴奋。

1995 年中国神经科学学会第一次学术会议

我负责组织在上海召开了第一次全国神经科学学会第一次学术会议，任组织委员会主席，赵志奇是学术委员会主席，路长林是秘书长。到会的人相当多，会议开得比较圆满，大家也很开心。香港神经科学家的参加，特别是于常海博士的努力，对我们帮助很大。这次邀请了多位美国人参加，而香港学者对那边比较熟悉，同时也进行了经济资助，为国际科学家出路费，好几位国际著名学者都来了。

陈宜张

中国科学院院士

本序整理自《陈宜张自传长编》

上海科学技术出版社，2024 年

序二

探索神经奥秘，书写科学华章

值此中国神经科学学会成立三十周年之际，我谨代表个人，向学会致以热烈的祝贺！三十年风雨兼程，三十年砥砺前行，学会为我国神经科学事业的发展做出了重要贡献。

回顾过去，我仿佛再次看到创建学会时的忙碌场景。还记得早期参加一次生理学会议，在签到簿上看到中国科学院动物研究所一位从海外回国的教授在行业一栏写了神经科学（neuroscience），这引起了我的注意。经过交流和查阅资料，我意识到神经科学的重要性，萌生了在北京成立神经科学学会的想法。当时，北京汇聚了众多全国一流的科研人员，涵盖了基础研究和临床研究的各个领域。我认为，将这些力量组织起来，实现多学科协同作战，必将极大地推动我国神经科学的发展。然而，成立学会的过程并非一帆风顺。当时，北京以“神经”命名的协会已经不少，北京市科协的领导对成立北京神经科学学会的意义以及与其他学会的区别并不十分理解，因此最初并不予批准。为了争取支持，我不顾酷暑严寒，频繁往返于北京医科大学（现北京大学医学部，简称北医）和位于东单的北京市科协之间，向主管人员详细阐述成立北京神经科学学会的重要性和可行性。

我们反复强调，神经科学是一个交叉学科，涵盖了生理学、生物化学、药理学、病理学、行为学等多个领域，应该从整体上研究和推动。与此同时，我们并没有被动等待，而是积极筹备成立了北京神经科学研究会这一民间组织，通过举办学术活动、开展国际交流等方式，聚集了一批志同道合的学者，逐渐形成了一支拥有八十余位奠基会员的队伍。在这个过程中，北医的领导给予了大力支持，提供了经费和办公人员，为学会的筹备工作奠定了坚实的基础。正是通过不懈的努力，1988 年 1 月 28 日，北京神经科学学会终于获批成立，我荣幸地担任了第一任理事长。同年 7 月 2 日，学会成立大会在北医召开。

北京神经科学学会为全国学会的成立奠定了基础。1992 年，我与中国科学院上海脑研究所吴建屏、上海的第二军医大学生理教研室主任陈宜张两位教授共同发起成立中国神经科学学会筹备委员会，起草报告给中国科学技术协会，并于 1995 年 10 月在上海正式成立。

与学会成立同步进行的，还有《神经科学纲要》(现更名为《神经科学》)的编纂工作。从最初的想法到 1993 年第一版问世，仅仅用了一年多的时间。这本一百五十余万字的巨著汇聚了海内外六十九位华人学者的心血，填补了当时国内神经科学领域大型专著的空白。国家教委为此书颁发了生物医学科技书目中唯一的特等奖。此外，本书还获得了卫生部科技书刊一等奖和国家科技进步三等奖。我们并没有止步于此，而是持续进行修订和再版：第二版于 1999 年面世，扩展为二百万字，分上下两册出版；第三版于 2009 年出版；第四版于 2022 年出版。这套书的持续出版，以及不断吸收大量在海外工作的神经科学学者加入编写队伍，使得该书的学术水平不断提高，成了我国神经科学领域的权威著作，影响了一代又一代的神经科学研究者。尤其让我们引以为傲的是，为支持国内神经科学教育事业的发展，我们团队于 2023 年捐赠一百套《神经科学(第四版)》给全国一百所高校图书馆，希望能为更多学人提供学习和研究的资源。

三十年来，中国神经科学学会在学科建设、学术交流、人才培养等方面取得了显著成绩。我们共同见证了神经科学从一个新兴学科逐渐成长为一个具有重要影响力的学科。学会的发展，离不开一代又一代神经科学工作者的辛勤耕耘和无私奉献，也离不开社会各界的支持与关注。在此，我要向所有为学会发展做出贡献的人们，致以最衷心的感谢！

展望未来，我们充满信心。随着科学技术的不断进步，神经科学正迎来前所未有的发展机遇，同时也面临着新的挑战。我们坚信，在中国神经科学学会的带领下，广大神经科学工作者将继续秉承求真务实的科学精神，团结攀登，积极进取，为神经科学的发展做出更大的贡献！

韓濟生
中国科学院院士
北京大学神经科学研究所名誉所长
北京大学博雅讲席教授

2025 年 1 月

序三

寻觅历史的足迹

1991 年初春，在上海岳阳路 320 号大楼二楼贵宾室旁侧我的办公室里，我（时任生理所所长，生理学会副理事长）受中国生理学会的委托，数度约谈吴建屏（时任脑所所长、生理学会常务理事）、陈宜张（时任生理学会副理事长、第二军医大学教授），以及我的副手朱培闳、谭德培（时任生理所副所长）、赵志奇（脑所研究员）一众同事，一起商量组织全国性神经科学研讨会。那正是“脑的十年”起始之年，神经科学这门从传统的神经生理学、解剖学蜕变而来的新兴学科，正以生气勃勃的身影活跃在科学的舞台上。我们这群从海外归来的学子，感受到这门学科强劲的气息，意识到对神经系统的研究已从电生理的一统天下，发展到多学科的交叉融合，显现出焕然一新的面貌。面对神经科学蓬勃发展的态势，学术组织方面的差距是显而易见的。我们需要一个全国性学术组织，不仅为了协同、团结、交流，而且也是为了竞争！

由于历史的原因，不少信息并没有完整保留下来，对三十年前学会成立情形的了解是零碎的。为了协助学会还原其启动、筹备的情况，我查阅了 1991 年到 1995 年我的工作日记（许多年来我几乎每天都记录工作日记）。幸运的是，我当时对许多重要工作留下了较详细的记录，包括时间、地点、参加人员、议题等。认真梳理这些材料之后，学会成立前后的情况就比较完整地显现出来。我写了“关于中国神经科学学会成立前后的回忆”，交给学会办公室。简要地说，成立全国性学会最早是出于推进全国性学术活动的考虑，开始于 1991 年初。在这一年中，我和上述那些同事们在各种场合商议和探讨安排全国性的神经科学学术活动，乃至成立中国神经科学学会等诸多问题。当时讨论的重点是，1992 年在上海召开首届全国神经科学研讨会的准备工作。我清楚记得，在 12 月 6 日下午讨论时，我提议请我的朋友，长期从事光感受器视觉转导机制研究的约翰 · 霍普金斯大学的游景威（K. W. Yau）教授作大会讲演，与会者均表支持。

中国神经科学学会的筹备与中国生理学会的关系十分密切，生理学会神经生理专业委员会的很多专家是神经科学学会的发起人和积极的推动者。成立神经科学学会筹备组是在 1992 年 10 月 26 日在成都华西医科大学举行的生理学会常务理事会上讨论的。筹备组首次会议则是在 1994 年第十八届中国生理学大会（武汉华中科技大学同济医学院）之前召开的。我还记得，5 月 22 日上午我先参加了筹备组会议，但没等到合影就匆忙赶去珞珈山宾馆主持生理学会理事会、常务理事会。在讨论学会领导班子人选时，我一直遵循这样的原则：若已在一个全国性学会担任主要领导，不宜兼任另一学会领导。这样会有助于让更多的人通过学会的工作脱颖而出。由于已在生理学会任职，我主动退出了班子的候选名单。虽然我因此从未在中国神经科学学会任职，甚至都未进入理事会，但我尽力完成学会交给的任务。1995 年在中国神经科学学会成立大会上，我代表生理学会致辞，并作了大会的学术讲演。之后的十年中，我又作了两次大会讲演。只要健康状况允许，每次大会我都出席，并积极参与学术讨论。不论是 1999 年在组织神经科学第一个“973”项目，还是在 2013 年参与中国脑计划初期的讨论，我都尽可能与学会充分沟通，交流信息。我感到幸运的是，通过学会的工作我不仅在学界前辈处面聆謦欬，而且与大群中青年学者结下了深厚的情谊。

学会从成立到今天三十年过去了。当时还正当盛年，而今天则垂垂老矣。我循着自己工作日记寻觅历史的足迹，当年的各种情景，同伴的音容笑貌又变得栩栩如生。我的心中充满了亲切和温暖。一个人的生命之舟会抵达终点，而科学洪流将奔腾不息。我相信，年轻的一代将以高昂的热情、切实的努力，把学会这艘航船驶向更高远的目标！

杨雄里

中国科学院院士

复旦大学脑科学院研究院教授

2025 年 3 月

前　言

1995 年 10 月，中国神经科学学会在上海正式成立。学会的成立开启了中国神经科学事业发展新时代，标志着中国神经科学工作者有了自己的学术组织。弹指一挥，学会已迈入“而立之年”，活力满满，生机勃勃。

筚路蓝缕启山林，栉风沐雨砥砺行。早在二十世纪八十年代，老一辈神经科学家便率先组织学术活动，为成立学会积蓄力量。1991 年至 1994 年的辛勤筹备，迎来了 1995 年第一届全国学术会议暨学会成立大会的盛大召开，全国各地五百多位参会代表见证了学会的诞生。三十年来，神经科学前辈们以其对祖国的热爱、对科研的执着，关心和支持着学会的发展，为我国神经科学事业发展开拓了新篇章。

时代车轮滚滚向前，科学家精神熠熠生辉。在学会成立三十周年之际，我们寻访多位神经科学前辈，收集珍贵史料，组织编写了《启征程　致远航：中国神经科学学会三十周年纪念》，以梳理创业发展历程，回顾学会的“来时路”，展现神经科学前辈们执着追求和无私奉献的精神，传承历史，弘扬精神，激励神经科学年轻一代践行科学家精神，为建设祖国贡献科学家的力量。

征途漫漫，唯有奋斗。中国神经科学学会仍是一个年轻的学会，我们很有未来，下一个三十年，我们仍将不忘初心、砥砺前行。在新的征程上，面对国家发展的紧迫需求和激烈的国际竞争形势，我们大有可为。学会将继续团结引领神经科学工作者为建设科技强国奋斗，为实现中华民族伟大复兴奋斗！

张　旭

中国科学院院士

中国神经科学学会理事长

2025 年 5 月

LETTER OF CONGRATULATIONS

January 3, 2025

Professor Xu Zhang
President of the Chinese Neuroscience Society
Room B1, 12th Floor,
No. 789 Zhaojiabang Road,
Xuhui District, Shanghai, China

Dear Professor Xu Zhang,

On behalf of the International Brain Research Organization (IBRO), I am delighted to extend our heartfelt congratulations to the Chinese Neuroscience Society (CNS) on your 30th anniversary this year. This remarkable milestone reflects CNS's exceptional dedication to advancing neuroscience research in China and fostering collaboration and innovation in your region.

As a highly valued member of IBRO, CNS has played an integral role in supporting our shared mission to promote and advance neuroscience worldwide. Your society's commitment to scientific excellence and active participation in IBRO's Governing Council exemplify the collaborative spirit that drives our global initiatives. CNS's leadership in neuroscience over the past three decades has been an inspiration to the broader scientific community.

IBRO is proud to work alongside its members in empowering neuroscience communities, promoting inclusivity and diversity, and strengthening scientific capacity. CNS's achievements are a testament to the strength of these collective efforts, and we look forward to continuing our shared work in advancing the frontiers of neuroscience together.

We deeply appreciate the meaningful contributions CNS has made to IBRO and to the field of neuroscience as a whole. As you celebrate this significant anniversary, please know that IBRO stands with you in recognizing the achievements of the past while looking ahead to a future of continued progress and collaboration.

Once again, congratulations to the Chinese Neuroscience Society on this momentous occasion. Please accept our warmest wishes for continued success in all your endeavors.

Yours sincerely,

Tracy L. Bale
IBRO President

International Brain Research Organization, INC | Rue d'Egmont 11, 1000 Brussels, Belgium | secretariat@ibro.org

FENS - Federation of European Neuroscience Societies
Prof. Ole Kiehn
FENS President
email: ole.kiehn@sund.ku.dk
cc: tasia.asakawa@fens.org

03 March 2025

Chinese Neuroscience Society (CNS)
Prof. Xu ZHANG
CNS President
email: office@cns.org.cn

Subject: CNS 30th anniversary

Dear Prof. Xu ZHANG:

On behalf of FENS – the Federation of European Neuroscience Societies, I would like to express our sincere congratulations to the Chinese Neuroscience Society (CNS) on the occasion of its 30th anniversary in 2025. It is a truly joyous event that allows CNS and its friends to appreciate the accomplishments achieved over the past decades and to look forward to even greater progress in the future.

FENS and CNS have enjoyed a close friendship and collaboration over many years, making a valuable impact on the global neuroscience community, especially by supporting early career researchers to participate in our respective scientific meetings. FENS also recognized the impressive growth of Chinese neuroscience research in recent years and we are happy to feature this in our society journal, EJN - the European Journal of Neuroscience. Chinese neuroscientists are major contributors to EJN submissions, and we look forward to further enhancing this relationship by making EJN a key journal through which Chinese investigators can publish their work and help move neuroscience forward.

We are pleased to acknowledge the commemoration of the 30-year milestone of CNS and will join you in celebration of the society's success during its annual meeting in Xi'an this year. The journey ahead looks bright and full of exciting opportunities. We look forward to strengthening our partnership with CNS and advancing the frontiers of neuroscience in the world.

Kind regards,

Ole Kiehn

Prof. Ole Kiehn
FENS President

日本神経科学学会
The Japan Neuroscience Society

February 3, 2025

Professor Xu Zhang,
President, the Chinese Neuroscience Society

Dear President of the Chinese Neuroscience Society,

On behalf of the Japan Neuroscience Society (JNS), I am delighted to extend our warmest congratulations on the 30th anniversary of the Chinese Neuroscience Society (CNS) in 2025. Over these three decades, your organization has made remarkable contributions to the advancement of neuroscience by promoting academic collaboration and scientific exchange.

Your dedication to fundamental research in the diverse fields of basic neuroscience, systems neuroscience, and neurobiology of disease, has significantly advanced our understanding of the nervous system in both health and disease.
As we look to the future, we are confident that the CNS and the JNS will continue to strengthen academic collaboration and exchange in neuroscience, to foster friendships and professional networks through annual meetings, and to pioneer new frontiers in strategic areas of neuroscience research.

We look forward to continued collaboration as we work together to unravel the mysteries of the nervous system and to nurture and encourage the next generation of neuroscientists. Please accept our sincere congratulations on this significant milestone and our best wishes for the continued success of the CNS in the years ahead.

With best wishes,

K. Yamanaka

Koji Yamanaka, MD, PhD
President, the Japan Neuroscience Society

Congratulations on the 30th Anniversary of the Chinese Neuroscience Society

February 14, 2025

The Chinese Neuroscience Society (CNS)
Room B1, 12th Floor, No. 789 Zhaojiabang Road, Xuhui District, Shanghai. China

Dear Professor Xu ZHANG, President of the Chinese Neuroscience Society (CNS),

On behalf of the Korean Society for Brain and Neural Sciences (KSBNS), it is my great honor and privilege to extend our warmest congratulations to the Chinese Neuroscience Society (CNS) on its 30th anniversary.

Over the past three decades, CNS has been pivotal in advancing neuroscience research, fostering innovation, and promoting international collaboration. Your society's dedication to scientific excellence and knowledge exchange has significantly contributed to the global neuroscience community. It has been a privilege for KSBNS to share this journey through our valued partnership, which is marked by meaningful exchanges, joint research programs, and a shared commitment to pushing the frontiers of neuroscience.

CNS's achievements inspire neuroscientists around the world, and we celebrate this remarkable milestone with you. As we look toward the future, KSBNS remains committed to strengthening our collaboration with CNS, further deepening our academic ties, and working together to advance the understanding of the brain and nervous system for the betterment of humanity.

We would also like to express our sincere appreciation for successfully organizing and hosting the 2nd CJK Neuroscience Meeting in 2023 in Zhuhai, which was a tremendous success and significantly contributed to advancing neuroscience collaboration among China, Japan, and Korea. We also thank CNS for organizing symposia for the upcoming 3rd CJK Neuroscience Meeting, which KSBNS is honored to host in Songdo this August. Your efforts have been invaluable in shaping the scientific program. In this spirit of collaboration, we are delighted to invite you and your esteemed colleagues to the upcoming CJK Neuroscience Meeting. This joint meeting will provide an excellent platform for exchanging ideas, fostering new collaborations, and advancing neuroscience research in our region. We warmly welcome you to join us in this important gathering and look forward to celebrating the continued success of our partnerships.

Once again, congratulations on this remarkable milestone. We wish CNS continued success in its mission and look forward to many more years of fruitful cooperation.

With my deepest respect and warmest regards,

C. Justin Lee
President, Korean Society for Brain and Neural Sciences (KSBNS)

The Korean Society for Brain and Neural Sciences
A-721, 95 Hangangdae-ro, Yongsan-gu, Seoul 04378, Korea
T. +82-2-871-1862, 1863/ F. +82-790-1862/ E. neuro@ksbns.org/ W. https://www.ksbns.or.kr/eng

1121 14th Street NW
Suite 1010
Washington, DC 20005

Phone (202) 962-4000
Fax (202) 962-4941
Web SfN.org

January 15, 2025

Dr. Xu Zhang, President
Chinese Neuroscience Society
B1/F12, JuneYao International Plaza,
No. 789 Zhaojiabang Road, Xuhui District
Shanghai, China

Dear Dr. Zhang,

On behalf of the Society for Neuroscience (SfN), I would like to extend our heartfelt congratulations to the Chinese Neuroscience Society (CNS) on the momentous occasion of your 30th anniversary. This significant milestone is an important reminder of the many contributions CNS has made in advancing and promoting neuroscience research, encouraging collaboration, and facilitating knowledge exchange within China and globally. We are proud to celebrate this achievement with you.

Our two societies share a deep commitment to strengthening the global neuroscience community, and our partnership has been instrumental in helping to fulfill this mission. Through our collaboration, we have built meaningful connections, promoted scientific innovation, and educated and supported the next generation of neuroscientists worldwide. We are grateful for the relationship we have developed.

Looking ahead, we are excited to continue our work together in advancing and shaping the future of global neuroscience. Congratulations once again on your 30th anniversary, and we look forward to many more years of shared success and collaboration.

Warm regards,

John H. Morrison

John H. Morrison, PhD
President, Society for Neuroscience

Toronto, January 20th, 2025

From: Dr. Melanie Woodin
President of the Canadian Association for Neuroscience

To: Dr. Xu Zhang,
President of the Chinese Neuroscience Society

About: **Congratulations to the Chinese Neuroscience Society on your 30th Anniversary**

Dear Dr. Xu Zhang, President of the Chinese Neuroscience Society,

On behalf of the **Canadian Association for Neuroscience** and our membership, it is my pleasure to extend our congratulations for the 30th Anniversary of your distinguished society. This anniversary is an opportunity to celebrate your contributions to advancing neuroscience research, fostering collaboration among scientists, and promoting the exchange of knowledge and innovation in the field.

As you look to the future, we wish you continued success and engagement with national and international partners.

Once again, congratulations on your 30th anniversary. May this celebration be filled with joy.

With warmest regards,

Melanie Woodin

Melanie Woodin

President of the Canadian Association for Neuroscience

中国生理学会
CHINESE ASSOCIATION FOR PHYSIOLOGICAL SCIENCES

贺　词

热烈祝贺中国神经科学学会成立三十周年

中国神经科学学会：

值此中国神经科学学会成立三十周年之际，中国生理学会谨向贵会致以最热烈的祝贺和最诚挚的祝愿！

三十载春华秋实，贵会始终秉承推动神经科学发展、促进学术交流、服务科学家群体的宗旨，汇聚了无数卓越的科学家和研究力量，为我国神经科学领域的蓬勃发展注入了强大动力。从基础研究到临床转化，从理论创新到技术突破，贵会始终站在科学探索的前沿，为揭示神经系统奥秘、攻克神经疾病难题提供了重要支撑。贵会坚持“学术立会”，通过举办学术年会、专题会议及广泛的国际合作，不断推动了神经科学领域的理论进步与技术创新；同时，高度重视青年人才的培养，通过设立“张香桐神经科学青年科学家奖”等举措，为新一代科学家成长提供了坚实平台。此外，贵会在科学普及领域的持续发力，显著提升了公众科学素养，为神经科学知识的传播做出了卓越贡献。

作为已有百年历史的中国生理学会，我们深知学科交叉与协作的重要性。神经科学作为生理学的重要分支，与生理学在历史传承与学术研究上有着深厚的渊源。贵会的蓬勃发展不仅是神经科学领域的巨大成就，更是我国生命科学整体进步的重要体现。我们为贵会取得的辉煌成就感到由衷的骄傲，也期待未来两会在学术交流、人才培养和科学研究等方面进一步深化合作，共同推动我国生命科学事业迈向新的高峰。

三十而立，继往开来。我们相信，中国神经科学学会将在未来的发展中继续引领中国神经科学的创新与突破，为全球神经科学研究贡献“中国智慧”，为人类健康事业书写新的篇章！

衷心祝愿中国神经科学学会在未来岁月中再创辉煌！

中国生理学会

2025年3月6日

地址：北京市东城区东四西大街42号　邮编：100710　电话：010-65278802
邮箱：office@caps-china.org.cn　网址：www.caps-china.org.cn

CSCB 中国细胞生物学学会 CHINESE SOCIETY FOR CELL BIOLOGY

CHINESE SOCIETY FOR CELL BIOLOGY

三十载风雨兼程，

解码神经密码，

推动学科进步；

新征程初心如磐，

凝聚学界力量，

共筑科学高峰。

789 ZhaoJiaBang Road, Shanghai 200032, China
Tel:86-21-64221728 Email：cell@cscb.org.cn
http://www.cscb.org.cn

中国植物生理与植物分子生物学学会

贺　信

中国神经科学学会:

欣闻中国神经科学学会三十周年华诞，谨向贵会全体会员致以热烈地祝贺！

贵会秉承科学发展的理念，在加强学会建设方面积累了宝贵的经验，在服务会员方面充分发挥了桥梁和纽带作用。贵会在学术交流、国际合作、期刊编辑、科学普及等方面做出了巨大的努力并取得了丰硕的成果。作为兄弟学会，对你们取得的成就深表钦佩！

我们珍视相互间的长期合作和友谊，诚望今后与贵会继续携手共进，加强学会之间的合作与交流，一起开拓创新，再创辉煌，共同朝着建设现代化科技社团不懈努力！

祝中国神经科学学会三十周年纪念活动取得圆满成功！

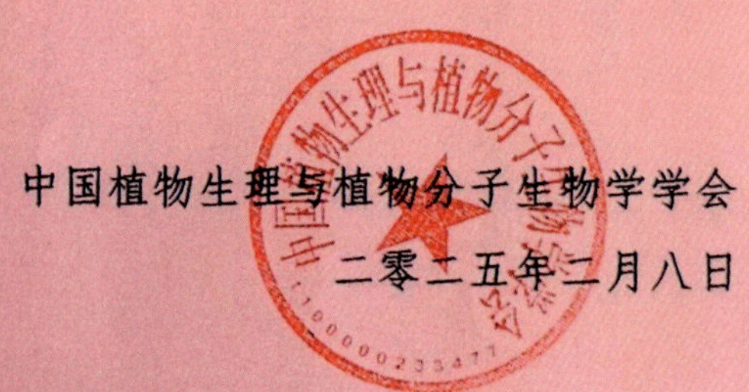

中国植物生理与植物分子生物学学会

二零二五年二月八日

中　国　解　剖　学　会

Chinese Society for Anatomical Sciences (CSAS)

北京市东单三条9号　　电话：010-65105025

祝贺中国神经科学学会成立三十周年

贺　信

中国神经科学学会并全体会员：

欣闻贵学会喜迎30岁生日，中国解剖学会谨致以最热烈的祝贺！

中国神经科学学会在历届理事会的带领下，坚持加强政治引领，充分发挥学会的学术特色优势，团结广大神经科学领域的基础研究和临床工作者，积极开展国内外学术交流，在构建神经科学研究的新生态、促进新技术方法的推广和普及、推动科技成功转化和应用等方面都取得了累累硕果。同时，贵学会重视组织建设和人才培养，全方位构建高质量研究梯队，促进了神经科学事业的蓬勃发展，为提高全民科学素质和科技强国做出了积极贡献。

中国神经科学学会和中国解剖学会同是生命科学领域的学术组织，长期保持着友好往来，渊源深厚，贵学会的快速发展也带动了我们学会的发展，使我们受益匪浅。希望我们两个学会能进一步加强交流与合作，以推动我国生命科学事业的进步与发展。

30周岁，正值“而立之年”。祝愿中国神经科学学会继续保持青春活力，生机勃勃、昂首阔步地在神经科学探索之路上砥砺奋进，开拓创新，续写辉煌新篇章！

中国解剖学会

2025年2月18

中国生物化学与分子生物学会

贺 信

中国神经科学学会：

值此贵学会三十周年华诞之际，中国生物化学与分子生物学会谨向贵学会致以最热烈的祝贺。

中国神经科学学会于 1995 年 10 月在上海成立，三十年来，始终秉承着促进神经科学发展的宗旨，不断推动学术交流与合作，培养了无数神经科学领域的优秀人才。在神经科学领域的发展和进步中扮演了举足轻重的角色，为推动神经科学研究和技术创新做出了卓越贡献。

近年来，中国神经科学学会在学术交流、科研成就、服务社会等方面硕果累累。学术年会影响力逐年扩大，“中国神经科学重大进展”展示了我国神经科学领域的重大科学和技术成果，科普活动也极具特色。学会在青年人才培养方面也做出了显著成绩，如神经科学云梯营、青年人才托举工程等，这些举措不仅为青年科研人员提供了成长的平台，也为我国神经科学的未来发展储备了强大的人才资源。在此，我们对中国神经科学学会三十年来取得的辉煌成就感到由衷的钦佩，并期待在未来的日子里，能与贵会有更多的合作与交流，共同为神经科学的发展贡献力量。

祝愿中国神经科学学会在未来的岁月里，继续以卓越的学术成就和深远的社会影响，书写更加辉煌的篇章。

中国生物化学与分子生物学会

2025 年 1 月 6 日

中国心理学会

贺信

中国神经科学学会：

值此中国神经科学学会成立30周年之际，中国心理学会向贵会致以热烈的祝贺，向贵会全体会员和广大神经科学工作者致以崇高的敬意和诚挚的问候！

三十年砥砺奋进，三十载春华秋实。贵会自成立以来，始终秉承遵循辩证唯物主义，坚持实事求是的科学态度，认真贯彻“百花齐放，百家争鸣”的方针，充分发扬学术民主，团结全国广大神经科学工作者，在学术交流、科学普及、国际交流、智库建设等方面取得了丰硕成果，为繁荣发展我国的神经科学事业做出重要贡献。

心理学与神经科学密不可分，学科交叉融合催生了新的学科增长点，随着技术的进步和跨学科合作的深入，这一领域的研究将继续拓展我们对人类行为和心理过程的认识。

中国心理学会与中国神经科学学会作为中国心理学和神经科学领域的两大重要学术组织，具有广泛的合作基础和巨大的合作潜力。两大学科的交叉融合是当今科学发展的趋势，期待两会未来开展深入合作，推动学科发展，为人类健康和社会进步做贡献。

展望未来，我们相信，贵会将继续发挥桥梁纽带作用，促进学会高质量发展，团结引领广大神经科学工作者，努力抢占科技制高点，不断发展繁荣神经科学学科，为中国式现代化建设贡献学科力量！

衷心祝愿中国神经科学学会在新时代再创辉煌！

预祝庆典圆满成功！

中国心理学会

2025 年 2 月 8 日

賀中国神经科学学会成立卅載

探索神经奥秘
书写科学华章

韓濟生
二〇二五年春

敬贺中国神经科学学会三十周年华诞

锣鼓震鸣，莺歌飞燕，学会华诞，三十中天；学界欢庆，聚首纪念，共谱华章，齐襄盛典。神经科学，生命之巅，探脑奥秘，进战前沿，人民寄托，国家重点。而立回首，成就斐然，立足华夏，跻身世寰；创新成果，争相呈现，细胞分子，组织器官，精神行为，全面攻关；研究团队，广布赤县，人才济涌，后浪更坚；平台建设，蓬勃进展，技术先进，世界比肩；学会工作，攻难克艰，团结学者，砥砺向前。甲辰将隐，乙巳争艳，大小蛟龙，跃腾人间；五洲震荡，四海翻掀，不畏霸凌，历史节点，逆水行舟，时期关键。中国特色，兴业实现，干字当头，行稳致远；中央号令，坚定信念，深化改革，新质生产，科技先行，重任在肩。牢把方向，创新领衔，提升学科，交叉共建，增进交流，影响深远；发展技术，力推青年，科教齐兴，学风端严。前途崎岖，劈浪杨帆，团结奋斗，学会重担；新途伊始，旌旗招展，神科学会，叱咤地天，凝聚学界，勇往直前！

徐群渊

首都医科大学

長江后浪推前浪
乘风破浪攀高峰

新春祝青年神经科
学家取得更大成就

壽天德
二〇二二年

脑科学研究任重道远

张香桐

2005年9月1日

发展神经科学
开发人类智能

周光召

二○○五年八月

祝贺中國神經科學學會成立十周年

克服浮躁拒絶平庸
推動神經科學發展

韓啓德
二〇〇五年七月二十九日

目录 CON

TENTS

第四章

第五章

第一章 学会简介

PART ONE

第一章

学会简介 01

中国神经科学学会（Chinese Neuroscience Society，CNS）是由全国的科研、教学和医院等单位的神经科学工作者组成的，具有独立法人资格的非营利性社会团体。上级主管单位是中国科学技术协会。学会会刊《神经科学通报》（*Neuroscience Bulletin*），2023 年度影响因子为 5.9。

1991 年，中国生理学会神经生理学专业委员会，联合上海市神经科学学会和北京神经科学学会，酝酿组织召开全国性神经科学学术讨论会。1992 年，冯德培、张香桐、吴建屏、韩济生、陈宜张、杨雄里、鞠躬等几位先生首倡成立中国神经科学学会，并成立学会筹委会、起草建议成立中国神经科学学会的报告，递交中国科学技术协会。1994 年，召开中国神经科学学会成立筹备会议。1995 年 10 月，中国神经科学学会在上海正式成立。

学会宗旨：遵循辩证唯物主义，坚持实事求是的科学态度，认真贯彻“百花齐放，百家争鸣”的方针，充分发扬学术民主，开展学术上的自由讨论，团结全国广大神经科学工作者，为繁荣发展我国的神经科学事业做贡献。

业务范围：举办各种全国性的神经科学学术活动，包括学术会议和各种专题讨论会、讲习班、培训班、技术咨询服务等；编辑出版神经科学的刊物和书籍；开展对会员的继续教育，向全社会普及神经科学知识，传播先进技术；开展神经科学领域的国际学术交流活动，跟踪世界神经科学发展动态，参与国际科技竞争；对国家有关科技政策和经济建设中的重大问题积极提出建议，发挥咨询作用。

自 1995 年成立以来，中国神经科学学会不断发展壮大，现有个人会员近三万人，会员单位（企业）十八个。个人会员中，两院院士四十三位；下设八个工作委员会，二十七个专业分会，涵盖神经科学的基础与临床以及类脑人工智能领域；与二十三个地方学会联合开展学术交流活动，加强互动。2022 年，通过了民政部社会组织 4A 等级评估。

学会坚持党建强会，全面贯彻党的路线方针，大力弘扬老一辈科学家精神。以服务中国“脑计划”为目标，承担中国科协多项路线图研究项目，开展学科战略规划及决策咨询。把学术交流作为立会之本，每年召开全国学术会议，会议规模突破五千七百人，国际化进程不断加快，争取成为世界脑科学领域的一流国际会议。服务人民生命健康，提高科普工作质量，打造“聚精‘汇’神”品牌活动，获得“全国优秀科普工作单位”“全国科普日优秀组织单位”等荣誉。致力于产学研协同组织体系的进一步完善，承担中国科协“科创中国”项目，筹划讨论类脑智能产业发展，引领行业标准。加强国际合作交流，与 IBRO、FENS、JNS、KSBNS、SfN 等国家、地区神经科学组织合作，开展常态化国际交流合作项目，在国际组织任职数量持续增长。搭建人才培育、服务、举荐体系，成功推荐中国科学院院士一位和中国工程院院士一位，中国青年科技奖两位，全国创新争先奖两位，未来女科学家计划一人，青年人才托举项目十五人。

值此中国神经科学学会成立三十周年之际，学会多方查找资料，补充翔实史料，整理形成此纪念册，借以回顾学会发展历程，检阅神经科学研究成果，弘扬科学家精神，激励广大神经科学人团结一致，紧扣国家战略需求，攀登新的科学高峰。

第二章 时光印记

PART TWO

1. 年会

1995 年，第一届全国学术会议在上海召开

会议投票选举第一届理事会

1995 年，第一届全国学术会议参会代表合影

上：第一届全国学术会议分会场
左下：张香桐先生出席会议
右下：吴建屏先生会议发言

上：杨雄里先生与韩济生先生出席会议
下：陈宜张先生主持会议

张香桐院士在中国神经科学学会第一届代表大会开幕式上的讲话　1995.10.16

女士们、先生们、各位同事、各位来宾：

首先，请让我对于中国神经科学学会的正式成立，致以衷心的祝贺。经过我们热心的同行们多年来的不懈努力，和各级领导以及有关单位的大力支持，并克服了种种困难，我们中国神经科学工作者，终于有了自己的组织。这不能不说是中国科学发展史上的一件大事。它标志着：神经科学在我国已发展到了一个新的阶段。

我想，大家同我一样，早已注意到了：在最近一些年来，我国的神经科学，已有了相当大的发展。它表现在以下几个方面：

第一，从事神经科学研究的人数，有了大量的增长。估计早已超过了四位数字，很可能业已达到了五位数字。

第二，在神经科学研究方面取得的成果，也有突飞猛进之势。就拿这次学术讨论会来说吧，提出的论文报告，就有七百三十余篇之多。而这些论文都是从大量投送的论文中，经过严格审查挑选出来的，有一定水平

16K　20X25　500　艺宫文化用品商店　94—37X877

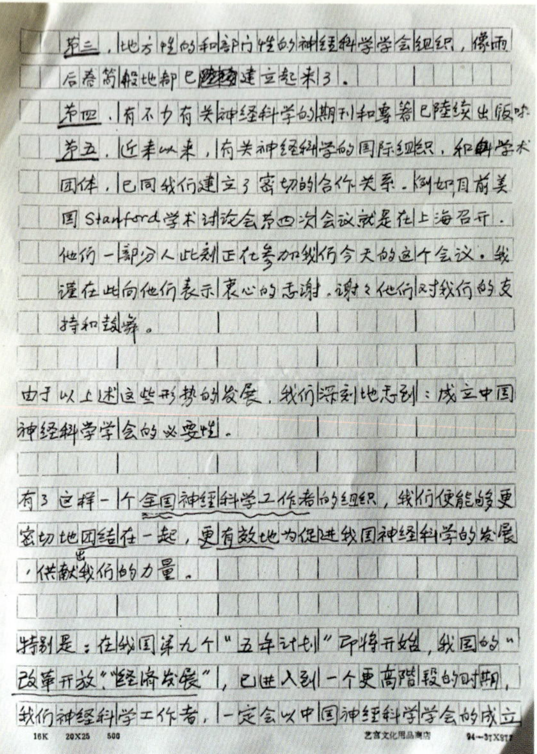
第三，地方性的和部门性的神经科学学会组织，像雨后春笋般地都已建立起来了。

第四，有不少有关神经科学的期刊和专著已陆续出版了。

第五，近年以来，有关神经科学的国际组织，和学术团体，已同我们建立了密切的合作关系。例如，目前美国Stanford学术讨论会第四次会议就是在上海召开。他们一部分人此刻正在参加我们今天的这个会议。我谨在此向他们表示衷心的感谢，谢谢他们对我们的支持和鼓舞。

由于以上述这些形势的发展，我们深刻地感到：成立中国神经科学学会的必要性。

有了这样一个全国神经科学工作者的组织，我们便能够更密切地团结在一起，更有效地为促进我国神经科学的发展，做出我们的力量。

特别是：在我国第九个"五年计划"即将开始，我国的"改革开放""经济发展"，已进入到一个更高阶段的时期，我们神经科学工作者，一定会以中国神经科学学会的成立

16K　20X25　500　艺宫文化用品商店　94—37X877

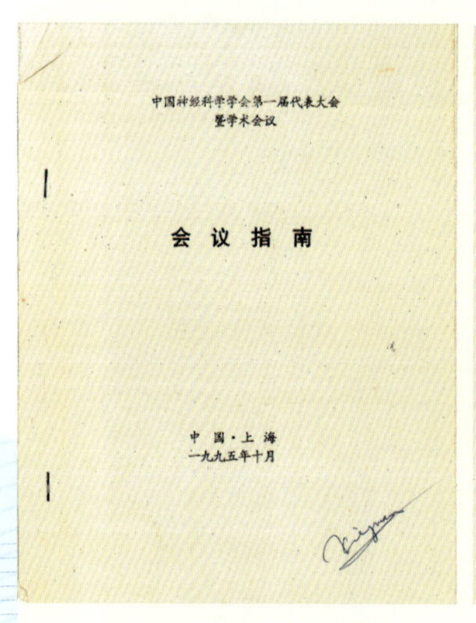
中国神经科学学会第一届代表大会
暨学术会议

会 议 指 南

中 国 · 上 海
一九九五年十月

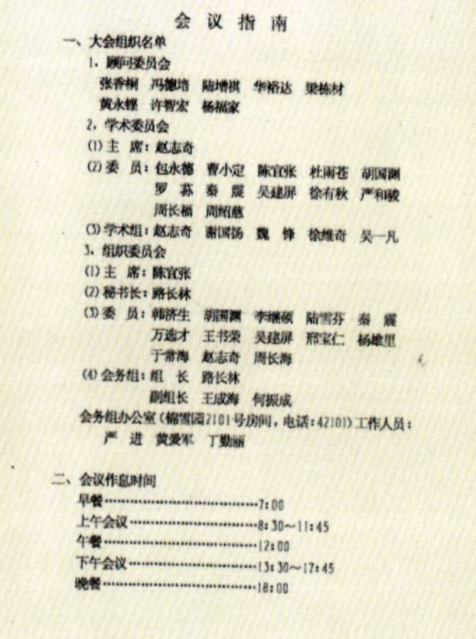
会 议 指 南

一、大会组织名单

1. 顾问委员会
张香桐　冯德培　陆增祺　华裕达　梁栋材
黄永锉　许智宏　杨福家

2. 学术委员会
(1) 主　席：赵志奇
(2) 委　员：包永德　曹小定　陈宜张　杜雨苍　胡国渊
罗　荪　秦　震　吴建屏　徐有秋　严和骏
周长福　周绍慈
(3) 学术组：赵志奇　谢国扬　魏　锋　徐维奇　吴一凡

3. 组织委员会
(1) 主　席：陈宜张
(2) 秘书长：路长林
(3) 委　员：韩济生　胡国渊　李继硕　陆雪芬　秦　震
万选才　王书荣　吴建屏　邢宝仁　杨雄里
于常海　赵志奇　周长海
(4) 会务组：组　长　路长林
副组长　王成海　何振成

会务组办公室（锦雪园2101号房间，电话：42101）工作人员：
严　进　黄爱军　丁勤丽

二、会议作息时间

早餐……………………7:00
上午会议………………8:30~11:45
午餐……………………12:00
下午会议………………13:30~17:45
晚餐……………………18:00

三、日程安排

日　期	时　间	活 动 内 容	地　点
10月15日	全　天	代表报到	锦雪园一二号楼大厅
（星期日）	晚上18:00	招待会	锦雪园餐厅三楼
10月16日（星期一）	上午 8:30~10:00	开幕式 合影	二军大科技馆 教学大楼前广场
	上午 10:10~11:45	大会报告（英文）	科技馆
	下　午	分组报告	教学大楼分会场
	晚上19:00	中国神经科学学会代表大会（全体与会会员参加）	科技馆
10月17日（星期二）	上　午	大会报告（英文）	科技馆
	下　午	分组报告	教学大楼分会场
	晚上19:00	青年优秀论文评选（部分人员）	科技馆
10月18日（星期三）	上午 8:30~9:50	大会报告（中文）	科技馆
	上午 9:50~10:10	仪器、试剂介绍	科技馆
	上午 10:20~11:45	实验演习班	教学大楼实验室
	下　午	分组报告	教学大楼分会场
	晚上17:30	餐会，卡拉OK	锦雪园餐厅三楼
10月19日（星期四）	上　午	分组报告	教学大楼分会场
	中午12:00	闭幕式，会餐	锦雪园餐厅三楼
	下午14:30	1. 参观中科院、上医，在招待所广场上车 2. 游览市容，在招待所广场上车	

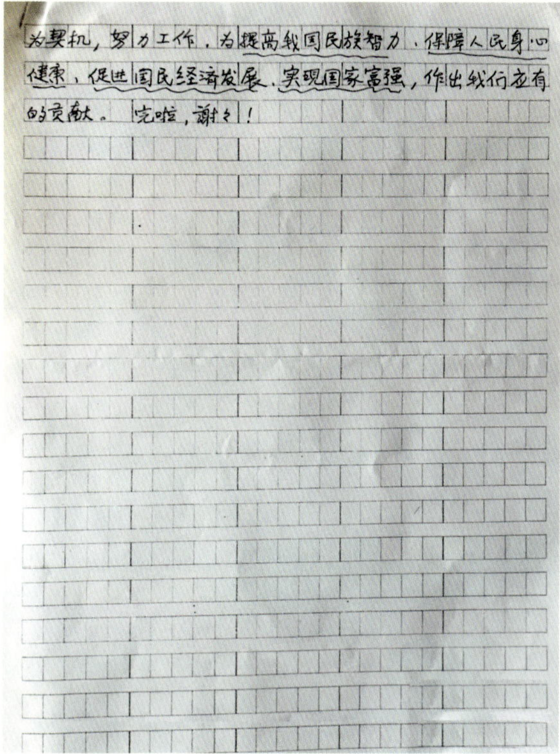

为契机，努力工作，为提高我国民族智力、保障人民身心健康，促进国民经济发展、实现国家富强，作出我们应有的贡献。完啦，谢々！

上：张香桐先生会议致辞手稿

下：第一届年会会议日程

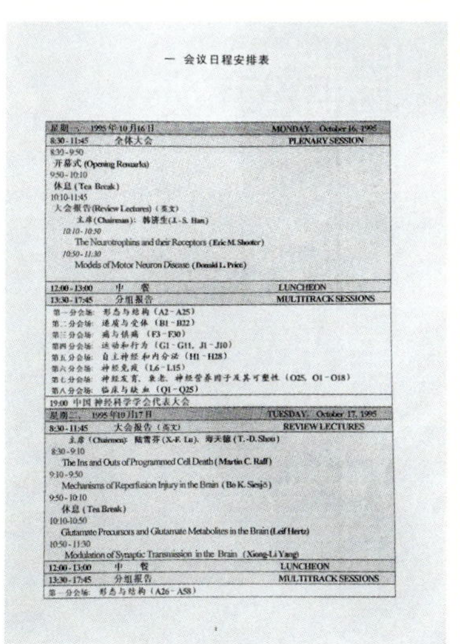

一 会议日程安排表

星期一，1995年10月16日　　MONDAY, October 16, 1995

8:30-11:45　全体大会　　PLENARY SESSION

8:30-9:50

开幕式 (Opening Remarks)

9:50-10:10

休息 (Tea Break)

10:10-11:45

大会报告(Review Lectures)（英文）

主席(Chairman)：韩济生(J.-S. Han)

10:10-10:50

The Neurotrophins and their Receptors (Eric M. Shooter)

10:50-11:30

Models of Motor Neuron Disease (Donald L. Price)

12:00-13:00　中　餐　　LUNCHEON

13:30-17:45　分组报告　　MULTITRACK SESSIONS

第一分会场：形态与结构（A2－A25）

第二分会场：递质与受体（B1－B22）

第三分会场：痛与镇痛（F3－F30）

第四分会场：运动和行为（G1－G11，J1－J10）

第五分会场：自主神经和内分泌（H1－H28）

第六分会场：神经免疫（L6－L15）

第七分会场：神经发育、衰老、神经营养因子及其可塑性（O25，O1－O18）

第八分会场：临床与缺血（Q1－Q25）

19:00 中国神经科学学会代表大会

星期二，1995年10月17日　　TUESDAY, October 17, 1995

8:30-11:45　大会报告（英文）　　REVIEW LECTURES

主席(Chairmen)：陆雪芬(X.-F. Lu)、寿天德(T.-D. Shou)

8:30-9:10

The Ins and Outs of Programmed Cell Death (Martin C. Raff)

9:10-9:50

Mechanisms of Reperfusion Injury in the Brain (Bo K. Siesjö)

9:50-10:10

休息 (Tea Break)

10:10-10:50

Glutamate Precursors and Glutamate Metabolites in the Brain (Leif Hertz)

10:50-11:30

Modulation of Synaptic Transmission in the Brain (Xiong-Li Yang)

12:00-13:00　中　餐　　LUNCHEON

13:30-17:45　分组报告　　MULTITRACK SESSIONS

第一分会场：形态与结构（A26－A58）

1

第二批：陕西、甘肃、新疆、江苏、山东、安徽、宁夏
湖南、湖北、贵州、云南、四川

第三批：上海、香港、浙江、福建、江西

4. 论文报告

(1) 绝对准时。

(2) 整理好幻灯片。

(3) 有始有终，坚持到底。

(4) 分会场地点与工作人员（第一人为负责人）

第一分会场（科技馆）：夏金辉、诸粱根

第二分会场（教学大楼一号楼一楼西侧病解第一实验室）：
汪　文、娄淑杰

第三分会场（病解第二实验室）：吴炳义、王建文

第四分会场（病解第四实验室）：邱　俭、毕　刚

第五分会场（教学大楼一号楼二楼西侧病生第六实验室）：
刘　秀、刘惠英

第六分会场（教学大楼一号楼四楼西侧药理学术会议室）：
侍　坚、王雪琦

第七分会场（教学大楼一号楼三楼西侧生理学术会议室）：
由振东、董　艳

第八分会场（教学大楼一号楼七楼东侧1721号房间）：
蒋春雷、花美仙

(5) 实验讲习班：邢宝仁、赵小林负责

时间：18日上午第一轮：10:20～11:00
第二轮：11:05～11:45

会场地点与内容：

第一分会场（与论文报告相同的分会场）：微透析技术

第二分会场（教学大楼二号楼五楼组胚教研室）：分子原位杂交非同位素标记技术

4

第三分会场（教学大楼一号楼三楼生理学教研室）：膜片钳与电压钳技术

第四分会场（教学大楼二号楼四楼生物学教研室）：转基因技术

第五分会场（与论文报告相同的分会场）：卵母细胞的受体表达技术

6. 返程票

(1) 会务组已按代表回执上报了返程票，报到时收返程票款。

(2) 大会不办理退票、换票事宜。

(3) 个别代表回执中未告知购买返程票，报到时请补订，但时间与票种不能保证。

(4) 20日乘火车离沪的代表，有车送站。

7. 参观、游览

19日下午2:30，按自愿报名，分成两批。

第一批：参观中科院生命科学中心与上医神经生物国家重点实验室，回招待所就晚餐。

第二批：乘车游览上海市容（内环线高架、南浦杨浦大桥、浦东、外滩、南京路、人民广场等）与购物。车从内环线下来后，代表在外滩下车（约下午3:30），游览外滩与南京路。晚8点在人民广场人民大道（市政府楼前）西侧上车（有人举牌等候）回招待所。晚餐自行解决，凭19日晚餐票领取人民币25元。

8. 上海代表交通问题

15日下午两点，在岳阳路320号（生理所门口），有车接代表前往二军大办理报到手续，参加招待会。晚8点有车送回。

16～19日，早上7:15有车在生理所门口接，晚6点有车在会议楼前送（中途站虹口，终点站生理所）。16日晚9点有车送参加代表大会的代表，19日中午会餐后有车在招待所院内广场送代表。

其他因接送地点不便的代表，请自行前来。

9. 会场与住地平面草图（附后）。

5

1997 年，第二届全国学术会议在西安召开，参会代表合影

上：会议分会场
中：会议审稿现场
下：审稿会专家合影

中国神经科学学会第三届学术会议日程表

1999 年 11 月 1－5 日，北京西郊宾馆

日期＼时间	上午	下午	晚上
11 月 1 日 (星期一)	10:00-12:00 注册	注册 3:00－5:00 中国神经科学学会常务理事会	1. 6:00-7:00 欢迎宴会 2. 7:30-8:30 大会开幕式
11 月 2 日 (星期二)	1. 8:00-9:40 全体大会 大会报告（2 个） Sten Grillner Mu-Ming Poo 2. 9:40-10:00 合影留念 3. 10:20-12:00 分组专题报告	1．1:30-3:30 分组专题报告 2．4:00-6:00 论文展示(I)及仪器展示	1. 7:30－9:00 新技术交流会 2. 7:30－9:30 优秀青年论文评选
11 月 3 日 (星期三)	1．8:00-9:40 全体大会 大会报告（2 个） Nicholas C. Spitzer Xiong-Li Yang 2. 10:00-12:00 分组专题报告	1．1:00-3:30 北京环城游（三环路－天安门） 2．4:00-6:00 论文展示(II)	7:30-9:00 中国神经科学学会代表大会
11 月 4 日 (星期四)	1. 8:00-9:40 全体大会 大会报告（2 个） Nobutaka Hirokawa Ji-Sheng Han 2. 10:00-12:00 分组专题报告	1．1:30-3:30 分组专题报告 2．4:00－5:30 论文展示(III)及仪器展示	1. 5:30-6:00 大会闭幕式 2. 6:00-8:00 宴会
11 月 5 日 (星期五)	参观北京地区神经科学研究实验室	自由活动	自由活动
11 月 6 日 (星期六)	12:00 前撤离		

1999 年，第三届全国学术会议在北京召开，会议日程

2001 年，第四届全国学术会议在香港召开，吴建屏理事长致辞

第三、四届理事长路长林教授（左）与第一、二届理事长吴建屏院士合影

2003 年，第五届全国学术会议参会代表合影

2003 年，第五届全国学术会议在青岛召开

2005 年，第六届全国学术会议在重庆召开

2005 年，第六届全国学术会议参会代表合影

2007 年，第七届全国学术会议在杭州召开

2009 年，第八届全国学术会议在广州召开

2011 年，第九届全国学术会议在郑州召开

2011 年，第九届全国学术会议邀请 SfN 主席（2010—2011）苏珊 · 阿玛拉（Susan Amara）做大会报告

2013 年，第十届全国学术会议在北京召开

2013 年，第十届全国学术会议会场

上：2015 年，第十一届全国学术会议暨第六届 FAONS 会议在浙江桐乡召开，邀请诺贝尔奖获得者苏德霍夫（Thomas Südhof）做大会报告

下：2015 年，第十一届全国学术会议暨第六届 FAONS 会议墙报交流

上：2017 年，第十二届全国学术会议在天津召开
下：2019 年，第十三届全国学术会议在苏州召开

2021 年，第十四届全国学术会议在重庆召开

第十四届全国学术会议首次评选发布“中国神经科学重大进展”

2022 年，第十五届全国学术会议线上召开

2023 年，第十六届全国学术会议在珠海召开

2024 年，第十七届全国学术会议在苏州召开

2. 理事会

1992 年，全国神经科学学术会议发起讨论成立中国神经科学学会
前排左起：张香桐、游景威（K. W. Yau）、麦克尤恩（Bruce McEwen）、冯德培
后排左起：杨雄里、鞠躬、陈宜张、吴建屏、韩济生

1994 年，学会筹委会（扩大）会议在武汉华中科技大学同济医学院召开

1994年，学会筹委会（扩大）会议参会代表合影

2003 年，三届一次常务理事会参会常务理事合影

2006 年，三届五次常务理事会参会常务理事合影

2007 年，第四届理事会参会理事合影

2010 年，四届四次常务理事会参会常务理事合影

左上：2011 年，五届一次理事会会议现场
右上：2015 年，六届一次理事会会议现场
左下：2021 年，七届四次常务理事会会议现场
右下：2023 年，八届一次常务理事会会议现场

3. 国际交流

1996 年，脑研究的新方法讲习班召开

1997 年，国际脑研究组织学习班召开

2000 年，首届海内外中青年学者神经科学研讨会参会代表合影

2002 年，第二届海内外中青年学者神经科学研讨会参会代表合影

左上：2006 年，接待 IBRO 秘书长（左二）访问西安
右上：2007 年，申请 The 2011 IBRO World Congress 在华举办
下：2009 年，IBRO 秘书长（左二）访问复旦大学

上：2011 年，第九届 IASP Research Symposium 参会代表合影
下：2011 年，第四届亚洲疼痛研讨会在上海召开

2012年，国际脑研究组织亚太区神经科学研讨会参会代表合影

2013 年，学会组织访问斯里兰卡各高校

2016 年，第十届 FENS Forum of Neuroscience 设展

2018 年，第十届海内外华人神经科学家研讨会参会代表合影

上：2023 年，组织“中 - 伊”一带一路国际成瘾医学研讨会

下：2023 年，与 JNS、KSBNS 召开工作会议

2023 年，CNS 年会中日韩专题研讨会

2024 年，CNS 年会开展国际采访

2024 年，组织首届国际青年论坛

2024 年，组织年会中日专题研讨会

4. 科普教育

2016 年，理事长段树民院士作客凤凰卫视解读生命的密码——三磅的宇宙

2021 年，“西部行” 公益义诊活动

2021—2024 年“科创中国——院士开讲”系列科普活动，邀请杨雄里院士、理事长张旭院士、陆林院士做报告

2023 年，“西部行”公益活动

2024 年，“西部行”公益义诊活动

2024 年，大脑连结：探索与创新系列科普活动——“大脑与美食”

2024 年，第四届神经科学艺术大赛颁奖

5. 人才培养

2021 年科学家精神展板：冯德培先生、张香桐先生

2023 年科学家精神展板：蔡翘先生、林可胜先生

2024 年科学家精神展板：李继硕先生、张昌绍先生

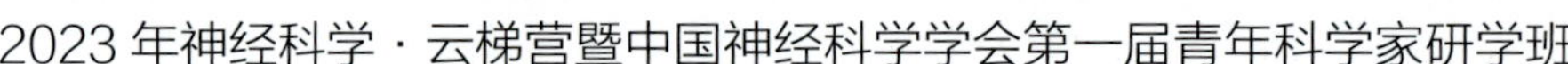
2023 年神经科学 · 云梯营暨中国神经科学学会第一届青年科学家研学班

2024 年神经科学 · 云梯营暨中国神经科学学会第二届青年科学家研学班

6. 学科战略规划

前进中的中国神经科学团队
庆祝中国神经科学学会
成立10周年
高等教育出版社

2007-2008
生 物 学
学科发展报告
REPORT ON ADVANCES IN BIOLOGICAL SCIENCES
中国科学技术协会 主编
中国细胞生物学学会
中国神经科学学会 编著
中国植物生理学会
中国科学技术出版社

2014—2015
神经外科学
学科发展报告
REPORT ON ADVANCES IN
NEUROSURGERY
中国科学技术协会 主编 中国神经科学学会 编著
中国科学技术出版社
CHINA SCIENCE AND TECHNOLOGY PRESS

中华人民共和国科学技术部主管
前沿科学
FRONTIER SCIENCE
2021年
第2期
神经科学专辑
脑图谱画像大脑 已走了多长路
——访中国科学院院士、海南大学校长骆清铭
记忆可以被操纵和移植吗？
神经环路：助人类理解“3磅宇宙”
抑郁症治疗也流行“私人订制”
光遗传技术双向精准调控神经元活动
国内统一连续出版物号：CN 11-5568/N 国际标准连续出版物号：ISSN 1673-8126 第15卷 总第58期

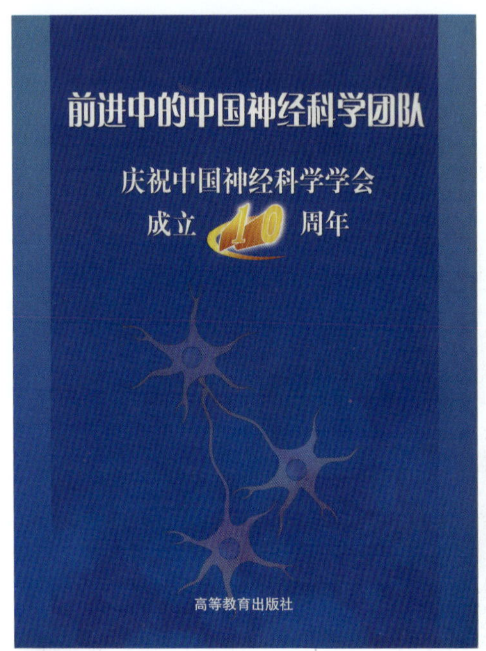

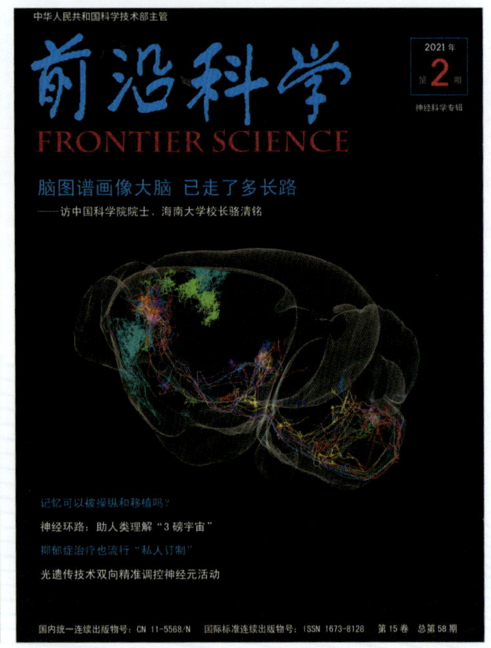

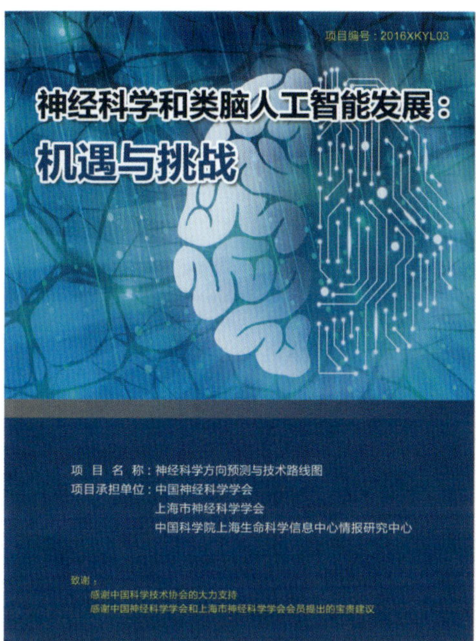
项目编号：2016XKYL03
神经科学和类脑人工智能发展：
机遇与挑战
项 目 名 称：神经科学方向预测与技术路线图
项目承担单位：中国神经科学学会
上海市神经科学学会
中国科学院上海生命科学信息中心情报研究中心

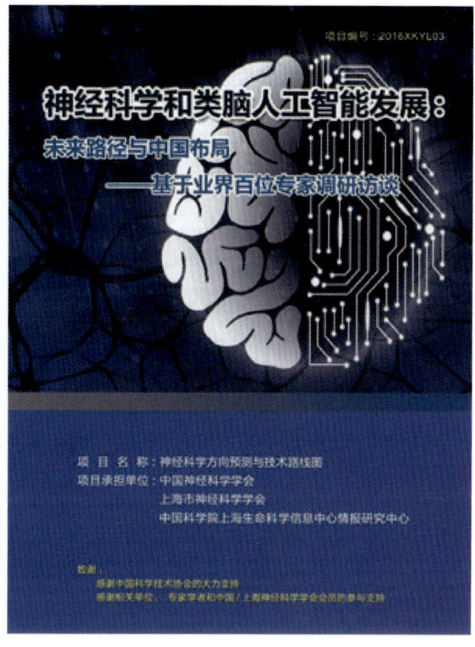
项目编号：2016XKYL03
神经科学和类脑人工智能发展：
未来路径与中国布局
——基于业界百位专家调研访谈
项 目 名 称：神经科学方向预测与技术路线图
项目承担单位：中国神经科学学会
上海市神经科学学会
中国科学院上海生命科学信息中心情报研究中心

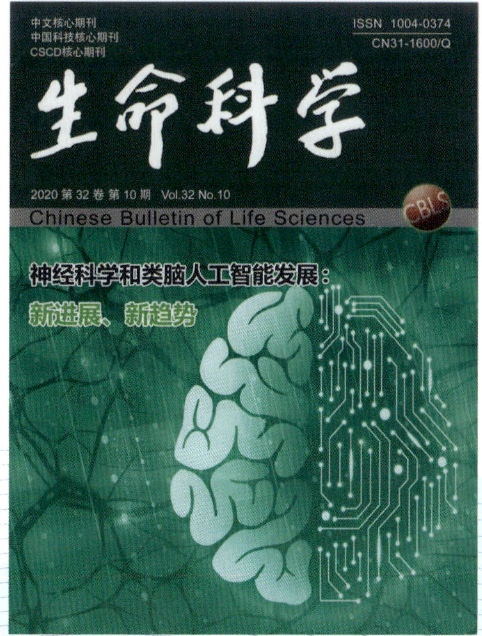
中文核心期刊
中国科技核心期刊
CSCD核心期刊
ISSN 1004-0374
CN31-1600/Q
生命科学
2020 第 32 卷 第 10 期 Vol.32 No.10
Chinese Bulletin of Life Sciences
CBLS
神经科学和类脑人工智能发展：
新进展、新趋势

中国科协产业与技术发展路线图系列丛书
中国科学技术协会/主编
类脑智能产业与技术
发展路线图
中国神经科学学会 编著
中国科学技术出版社

中国科协学科发展预测与技术路线图系列报告
中国科学技术协会 主编
神经科学学科
路线图
中国神经科学学会◎编著
中国科学技术出版社

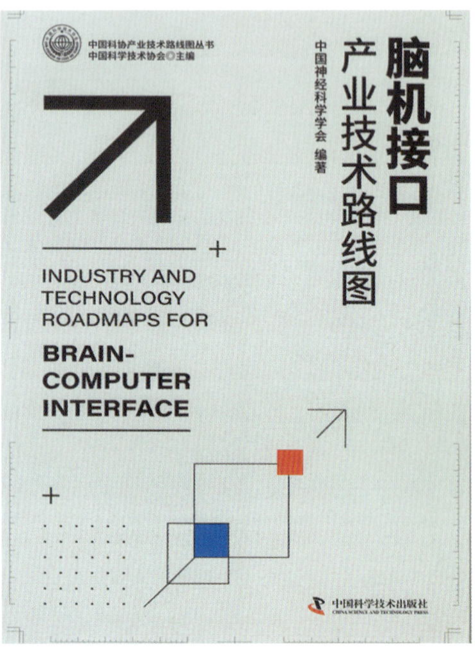
中国科协产业技术路线图丛书
中国科学技术协会◎主编
脑机接口
产业技术路线图
中国神经科学学会 编著
INDUSTRY AND TECHNOLOGY ROADMAPS FOR
BRAIN-COMPUTER INTERFACE
中国科学技术出版社

2024年报
工作简讯

2023年报
工作简讯

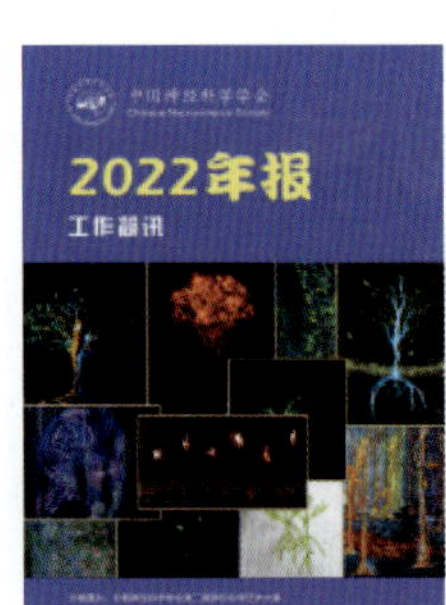
2022年报
工作简讯

2021年报
建党一百周年工作简讯

2020
年报
中国神经科学学会第七届功能型党委
2020工作简讯
中国神经科学学会
2019 年报
2017 年报

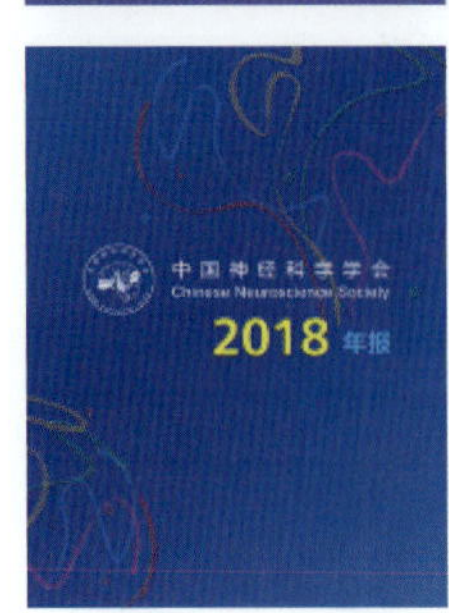
中国神经科学学会
Chinese Neuroscience Society
2018 年报

7. 学会荣誉

中国科技志愿服务
百家学会
中国科学技术协会
二〇一九年五月
2021年"全国科技工作者日"全国学会
积极贡献单位
中国科协
2021年7月

科创中国
INNOVATION CHINA
科技服务团
(2021年度)
中国科学技术协会
二零二二年二月

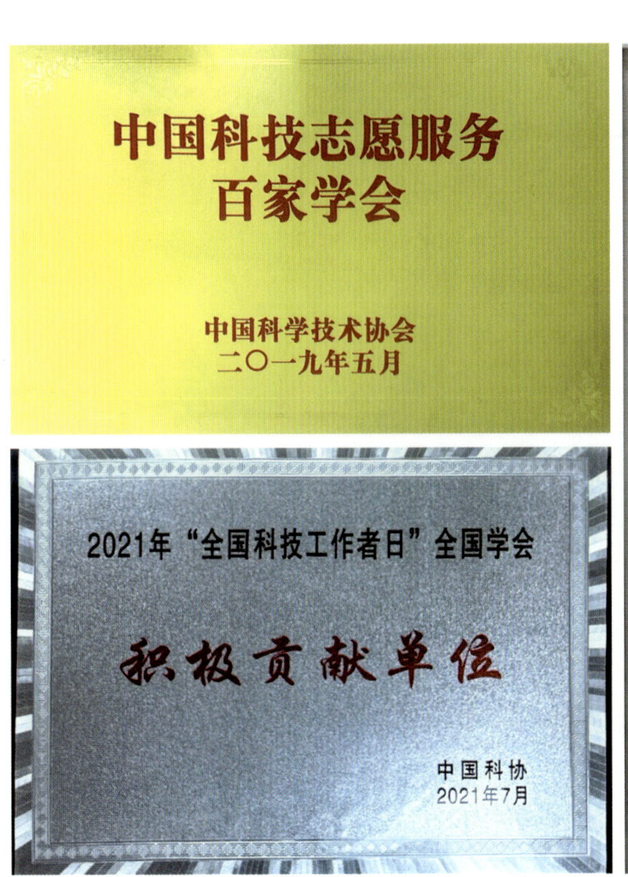

社会组织评估等级证书

证书编号：社评字[2022]第031号

中国神经科学学会

经评估，你机构被评为4A级社会组织，特颁此证。

（有效期至：2027年11月）

中华人民共和国民政部

二〇二二年十一月

荣誉证书

中国神经科学学会：

你单位被评为2023年度全国学会科普工作优秀单位。特发此证，以兹鼓励。

中国科协科普部

2024年1月

8. 看望学会前辈

第八届理事长张旭院士拜访学会发起人之一陈宜张先生（右）

第七届副理事长王以政院士拜访学会发起人之一韩济生先生（右）

第八届理事长张旭院士拜访学会发起人之一杨雄里先生（右）

第七届副理事长高天明院士拜访学会首届副理事长陆雪芬教授（右）

第八届副理事长罗敏敏教授拜访学会第二届副理事长徐群渊教授（右）

第七届副理事长张玉秋教授拜访学会首届常务理事寿天德教授（左）

上：第七届副理事长何士刚教授（右）拜访学会首届秘书长赵志奇教授（中）
左下：第八届副理事长何成教授拜访学会首届常务理事周长福教授（左）
右下：第八届理事长张旭院士看望学会首届常务理事秦震教授（右）

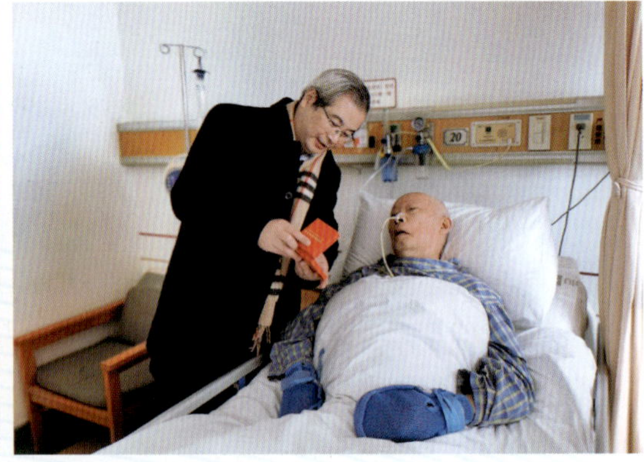

9. 三十周年纪念活动

活动现场

2025 年，学会在上海举办成立三十周年纪念活动

学会第三、四届理事长路长林教授（左）和第七、八届理事长张旭院士（右）为学会创始人之一杨雄里院士（中）颁发“中国神经科学学会终身贡献奖”

学会创始人之一韩济生院士获颁“中国神经科学学会终身贡献奖”

学会第七、八届理事长张旭院士为学会历届领导颁发“中国神经科学学会发展杰出贡献奖”
（左起：张旭、吉永华、王建军、路长林、赵志奇、王晓民、陈军、何士刚）

学会创始人之一杨雄里院士为活动致辞

学会第三、四届理事长路长林教授为活动致辞

学会第七、八届理事长张旭院士为活动致辞

活动嘉宾合影

活动嘉宾合影

活动嘉宾合影

活动嘉宾合影

活动嘉宾合影

活动嘉宾合影

活动嘉宾合影

活动嘉宾合影

活动嘉宾合影

活动嘉宾合影

活动嘉宾合影

活动嘉宾合影

共同祝贺学会三十岁生日（右起：张旭、杨雄里、路长林、谢俊霞）

活动现场

杨雄里院士致辞

尊敬的各位领导、各位同仁：

大家早上好！

非常感谢学会领导安排我在今天的大会上做发言。

上世纪九十年代，对神经系统的研究从电生理的一统天下，华丽转身为多学科交叉融合的新兴的学科神经科学。当时，我国在这一领域的研究水平与国际先进水平差距十分显著。一群中年神经科学家意识到，为了更有成效地提高我们的研究水平，开展更广泛的学术交流与合作，增强国际竞争力，有必要建立一个全国性的神经科学学会。从 1991 年 2 月起，韩济生、陈宜张、吴建屏、赵志奇、谭德培、朱培闳，也包括我本人和其他的一众同仁，振臂而起，强烈呼吁成立中国神经科学学会。

经过多次热烈的讨论和精心的筹划，在先前已成立的北京和上海两个地方神经科学学会的鼎力支持下，通过组织两次全国性学术会议作铺垫，中国神经科学学会于 1995 年 10 月正式成立。

作为一名神经科学队伍中的老兵，我有幸见证了六十年来中国神经科学从艰难创业到稳定发展，再到初步繁荣的整个过程。目前，我们在若干领域达到的研究水平超越了预期。我认为，在最近三十年，中国神经科学学会为中国神经科学的发展做出了重要贡献，可圈可点。学术研究方面，在科技部攀登项目、“973”重大基础研究规划，乃至中国的脑计划的酝酿、筹备和实施过程中，学会团结全体会员，协助有关方面努力推进，功不可没！在其他方面，学会工作也卓有成绩。学会三十年的历史清楚地表明，只要我们团结一致，就能应对一切挑战，不断取得进步。虽然我们学术背景不同，工作风格各异，天赋各有偏向，水平各有专长，但是我们有着共同的目标。我们无疑应该团结一致，为中华民族的伟大复兴而不懈奋斗。

江山代有才人出，各领风骚数百年。中国神经科学学会成立时，我正当盛年，而今已垂垂老矣。时间真是一个无敌的君王。但是，当我循着时间的隧道寻觅历史的足迹时，当年的种种情景又清晰显现在眼前，同伴的音容笑貌又变得栩栩如生。我心中充满了亲切和温暖。我知道，科学的帷幕正在我面前徐徐降下，但科学的洪流依然汹涌奔腾。

三十而立。立的是胸怀天下的格局，立的是勇攀高峰的志向。中国神经科学学会过去三十年的发展历程，是一部奋斗史，它的未来，更是一幅充满无限可能的宏伟画卷。我完全相信，年轻的一代将以高昂的热情，把学会这艘航船驶向更高远的目标！我祝你们成功！

路长林教授致辞

各位领导、各位同仁：

大家上午好！

首先让我们这几位学会的老同志最诚挚地祝贺我们学会成立三十周年！

三十年来，我们高兴地看到，学会在中国科协领导下，带领大家锐意进取、砥砺前行，取得了令人瞩目的成绩！学会坚持党建领会，会员队伍不断壮大，由当初几百名发展到现在近三万名，而且绝大多数为中青年学者，还有四十余位两院院士。学会鼓励大家积极参与国家脑科学研究计划，多年来硕果累累，为推动我国神经科学的发展做出了巨大贡献。我们为学会的飞跃发展和取得的辉煌成绩深感欣慰，并表示最热烈的祝贺！

学会能发展到今天可喜的程度，取决于学会坚持学术立会，打造了高水平学术交流平台。多年来，学会举办了各类学术会议、论坛和研讨会，促进了学术思想的碰撞和科研成果的共享。学会创办的期刊 *Neuroscience Bulletin* 已被 SCI 收录，影响因子已达到 5.9，极大地提高了我国神经科学的国际地位。取决于学会坚持人才强会。学会多年来持之以恒，培养和造就了一批高素质的人才。取决于学会坚持开放办会，面向社会，积极开展科普活动。学会积极开展国际学术交流与合作，为推动中国神经科学走向世界做出了积极努力。看到这些，我们这些老同志备感欣慰和荣耀！

在庆祝学会取得光辉业绩的今天，我们不要忘记以冯德培先生、张香桐先生为代表的老一辈神经科学家为我国神经科学发展所做出的卓越贡献，也为我们学会的成立奠定了坚实基础，我们十分怀念他们，铭记他们的教诲。我们首先要感谢他们。我们还要感谢以吴建屏先生、韩济生先生、陈宜张先生、杨雄里先生、鞠躬先生等为代表的老一代神经科学家为学会成立所做的努力和贡献。我们还应感谢中国科协、中科院生理所、脑所，以及中国生理学会等兄弟学会给予的大力支持。感谢上海生科院和《生命科学》杂志编辑部对学会刊物的大力支持。当然，还要十分感谢一如既往地辛勤耕耘在神经科学领域的全体理事和会员们，谢谢你们！

回首过去，我们备感自豪；展望未来，更是信心满怀。当前脑科学和类脑研究已成为全球科技竞争的制高点。脑科学研究还有力地促进了人工智能研究的进步。我们衷心希望学会能以更加开放的姿态、更加昂扬的斗志、更加务实的作风继续带领大家勇攀科技高峰。

最后，预祝大会圆满成功！祝各位领导、各位同仁工作顺利！幸福安康！谢谢！

10. 第七、第八届理事长张旭：学会三十周年发展报告：凝聚力量，共筑脑科学未来

神经科学与脑科学关乎人类对自身认知的终极探索，更是推动医学革命和智能科技发展的核心驱动力。中国神经科学学会作为团结引领脑科学工作者的全国性学会，1991 年至 1992 年，由冯德培、张香桐、吴建屏、韩济生、陈宜张、杨雄里、鞠躬等神经科学前辈发起。1994 年召开学会成立筹备会议。1995 年 10 月，中国神经科学学会正式成立。

学会始终以服务国家战略需求为己任，在历届理事会的带领下，1995 年至 2005 年，学会重点布局学术交流和国际合作，在世纪之交扬帆启航；2005 年至 2015 年，学会全面规划、快速发展，创建品牌会议并独立运营，多渠道培养青年人才，加强国际合作。

2021 年我国正式启动科技创新 2030—“脑科学与类脑研究”重大项目（即“中国脑计划”），标志着中国脑科学进入国家战略布局新阶段。

学会顺应国家发展需要，引领前沿创新突破，在学科发展、人才培养、国际合作、科普服务、产学融合等方面取得显著成就，2022 年通过民政部社会组织 4A 等级评估。

加强政治引领

坚持党建强会，构建理事会功能型党委—分支机构党小组—秘书处党支部三级组织体系，通过开展“走访科研领路人”“科学家精神展”等专题活动，强化科学道德与学风建设。

加强自身建设，完善民主治理。学会个人会员约三万人，其中两院院士四十三位，会员单位十八个。下设八个工作委员会，二十七个专业分会，涵盖神经科学的基础与临床以及类脑人工智能领域。成立上海卓越脑科学发展基金会，扶持偏远地方性学会成立，联动二十三个地方学

会开展活动。建立分会管理制度、完善财务制度等，培养秘书处专职人员梯队。

为科技工作者服务

以学术交流为本，全国学术年会不断创新，会议规模近六千人，聚焦类脑智能等前沿领域，促进学科交叉融合，提高会议英文专题比例，持续推进全国学术年会的国际化进程。

注重青年人才培养，搭建人才培育、服务、举荐体系。积极向国家推荐优秀人才，成功举荐两院院士两位。托举青年成长，支持女性科学家发展。依托张香桐基金、联合国际组织和社会力量设立奖项。举办技术培训班、青年培训班，打造神经科学云梯营青年研学班、全国神经科学青年论坛等品牌活动。

为创新驱动发展服务

参与国际事务、促进国际交流，与欧洲、日本、韩国、美国以及国际脑研究组织等的神经科学组织，共同举办学术会议，设立国际奖学金。学会成员在国际组织任职数量持续增长，参与全球科技治理的广度深度进一步拓展。

引领学科发展，连续五年组织评选发布“中国神经科学重大进展”，入选“十大工程技术难题”“十大代表调研课题”“中国生命科学十大进展”“中国科学十大进展”。

助力产学融合，促进转移转化，成立科技转化与创新工作委员会、类脑智能分会、脑机接口与交互分会、神经调控基础与转化分会，筹划讨论类脑智能产业发展、神经调控前沿进展白皮书，推动脑机接口、类脑计算等技术标准化与产业化。

做好科学决策服务

聚焦神经科学、做好咨询工作。以服务“中国脑计划”为目标，积极发挥智库作用，承担了“神经科学方向预测与技术路线图”“我国类脑智能产业与技术发展路线图研究”“脑机接口产业技术路线图”“类脑计算、感知与智能技术发展路线图”等中国科协研究项目。

为提高全民科学素质服务

积极组织公益、科普活动，践行科技惠民使命。开展癌痛社会救助项目、联合媒体制作科普视频、成立“学会志愿者团”，打造“聚精‘汇’神”品牌活动。2022 年至今，累计举办科普活动二百一十场，发布原创科普文章一百四十四篇、制作系列科普视频十三期，科普报告线上单场在线人次过万人。连续获得“全国优秀科普工作单位”“全国科普日优秀组织单位”等荣誉。

回顾过往，学会砥砺奋进、收获满满。站在三十周年的新起点，学会将继续凝聚全国脑科学工作者力量，为建成世界科技强国做出贡献！

11. 学会大事记

1991—1992 年

- 由中国生理学会神经生理学专业委员会联合上海市神经科学学会、北京神经科学学会，首次组织全国神经科学学术会议，1992 年在上海召开，冯德培、张香桐、吴建屏、韩济生、陈宜张、杨雄里、鞠躬几位前辈发起并首次讨论成立中国神经科学学会，决定由冯德培、张香桐两位先生领衔，吴建屏先生、陈宜张先生、沈锷先生起草报告，韩济生先生和吴希如先生负责与中国科学技术协会沟通。

1994 年

- 在武汉华中科技大学同济医学院召开中国神经科学学会成立筹备大会。此时中国科学技术协会已批复同意成立中国神经科学学会。会议讨论学会理事长、副理事长的人选，以及初步理事名单。

1995 年

- 中国神经科学学会第一届会员代表大会暨全国学术会议于 10 月在上海召开，宣告学会正式成立。会议选举吴建屏院士为理事长，韩济生院士、陈宜张院士、陆雪芬教授、万选才教授为副理事长，赵志奇教授为秘书长，常务理事十五人，理事二十七人，副秘书长三人。

1996 年

- 受国际脑研究组织委托，在上海举办脑研究的新方法讲习班。

1997 年

- 第二届全国学术会议于 10 月在西安召开，参会代表约四百人。

1999 年

- 第三届全国学术会议暨第二次会员代表大会在北京召开，学会换届选举第二届理事会，参会代表约五百人。

2000 年

- 首届海内外中青年学者神经科学研讨会在安徽合肥举办，会议采用美国戈登会议（Gordon Conference）模式，逢偶数年举办。

2001 年

- 第四届全国学术会议在香港召开，参会代表约三百人，学会首次在大陆之外组织学术会议。

2002 年

- 第二届海内外中青年学者神经科学研讨会在成都举办。

2003 年

- 第五届全国学术会议暨第三次会员代表大会在青岛召开，学会换届选举第三届理事会，参会代表 534 人。

2004 年

- 学会官方网站建立，网址：www.cns.org.cn。
- 国际脑研究组织 IBRO 研讨班分别于 5 月、7 月在重庆、青岛举办。
- 第三届海内外中青年学者神经科学研讨会在广州召开。

2005 年

- 第六届全国学术会议暨学会成立十周年庆祝大会在重庆召开，组织院士论坛，特别设立年会青年优秀论文评选。
- 编辑文集《前进中的中国神经科学团队（1995—2005）》。

2006 年

- 国际脑研究组织 IBRO 研讨班分别于 4 月、8 月在西安、太原举办。
- 接待 IBRO 秘书长访华交流（西安）。
- 成功推荐了国家自然科学基金委员会创新研究群体。
- 第四届海内外中青年学者神经科学研讨会更名为海内外华人神经科学家研讨会（SCNW）在昆明召开。

2007 年

- 第七届全国学术会议暨第四届全国会员代表大会在杭州举办，会议期间为纪念冯德培先生百年诞辰和庆祝张香桐先生百年诞辰举行了学术报告会，会议规模突破千人。
- 申请举办 2011 年 IBRO 世界大会。

2008 年

- 分支机构换届，专业委员会合并或更名为专业分会。
- 第五届海内外华人神经科学家研讨会（SCNW）在长沙召开。

2009 年

- 经新闻出版总署批准，学会正式成为 *Neuroscience Bulletin* 第二主办单位。

- 学会正式成为中国科学技术协会团体会员。
- 接待 IBRO 秘书长访华交流（上海）。
- 首次设立单位会员（企业），联合社会力量设立中国神经科学优秀学者奖（Outstanding Neuroscientist Award，2009—2015 赛诺菲、2019—2025 赛信通）、Leica Lecture、Olympus Travel Fellowship。
- 第八届全国学术会议在广州召开，参会代表 1214 人。
- 在青岛举办第三届全国神经生物学教学研讨会。

2010 年

- 受张香桐基金委托，由我学会负责张香桐神经科学青年科学家奖和优秀研究生论文奖的评选及颁奖。
- 组织开展第八次中国科学技术协会论坛——脑的高级认知功能。
- 第六届海内外华人神经科学家研讨会（SCNW）在南昌召开。

2011 年

- 第九届全国学术会议暨第五次会员代表大会在郑州召开，首次由学会独立组织，不再依赖当地院校办会，参会代表 1487 人。会上首次与美国神经科学学会、日本神经科学学会组织专题研讨会，邀请美国科学院院士作张香桐纪念讲座、徕卡讲座等大会报告。
- 在上海组织召开了第四届亚洲疼痛研讨会（APS）和第九届国际疼痛研究组织研讨会（IASP）。
- 学会会刊 *Neuroscience Bulletin* 编委会改组，时任学会理事长担任主编，组建海内外编委九十位。同年被科学引文索引（Science Citation Index Expanded，SCI-E）、Neuroscience Citation Index、Biological Abstracts（BA）、Biosis Previews（BP）收录。

2012 年

- 与 Federation of European Neuroscience Societies（FENS）合作，设立 FENS-CNS Young Researchers Exchange Support Program（后改为 CNS-FENS Travel Awards），支持亚洲和欧洲青年神经科学工作者。
- 第七届海内外华人神经科学家研讨会（SCNW）在西安举行，会议被纳入中国科学技术协会学术交流重点活动。
- 在青岛召开 IBRO-APRC Associate School of Neuroscience。

2013 年

- 第十届全国学术会议在北京举办，设立吴建屏纪念讲座、CNS-JNS Joint Symposium，参会代表约两千人。
- 开展社会服务试点项目农村地区晚期癌痛的社会服务示范项目，开辟学会公共服务新方向。

2014 年

- 首次以学会名义参加国际重要会议 FENS 2014 Forum。
- 承担中国科学技术协会学科发展研究（2014—2015）神经外科学学科发展项目。
- 承办中国科学技术协会第八十九期新观点新学说学术沙龙基于创新理论的阿尔茨海默病早期诊治新靶标研究。
- 与日本神经科学学会合作，设立 Travel Awards for the Annual Meeting。
- 第八届海内外华人神经科学家研讨会（SCNW）在苏州召开。

2015 年

- 第六届 FAONS 会议暨第十一届全国学术会议在浙江桐乡召开，会议规模达到年会历史巅峰，三千一百人参会。会议邀请到诺贝尔奖获得者、美国科学院院士作大会报告，组织了国际双边或 FAONS 等十三个国际专题会。从此，全国学术年会开始国际化，使用全英文网站、电子签到等。
- 社会服务试点的癌症疼痛综合救助示范项目应用推广到西部地区，开展东西部合作抗癌痛计划，扩大社会影响力。
- 在苏州召开了第六届亚洲疼痛研讨会（APS）。
- 由学会出资发起成立了上海卓越脑科学发展基金会。

2016 年

- 承担中国科学技术协会神经科学方向预测与技术路线图项目（2016—2018）。
- 首次开展中国科学技术协会的青年人才托举项目。
- 第九届海内外华人神经科学家研讨会（SCNW）在合肥召开。
- 开通学会官方微信。

2017 年

- 第十二届全国学术会议在天津召开，首次设立了每年颁发一次的 *Neuroscience Bulletin* 编委杰出贡献奖和优秀论文奖。
- 开展院士、谈家桢生命科学成就奖和生命科学创新奖、全国创新争先奖等人才项目推荐。
- 向中国科学技术协会提交“关于实施国家重大科研计划中应充分发挥专业学会作用”的报告，并得到科协批复。

- 通过民政部对社会组织规范化评估，获得 3A 等级。

2018 年

- 与中国科学技术协会生命科学联合体共同承办第二十届中国科学技术协会年会脑科学研究学术研讨会，会上发布我国神经科学领域十大问题。
- 参与协办 2018 世界人工智能大会脑与智能科技主题论坛。
- 组织脑科学与类脑研究战略研讨会，向中国科学技术协会提交了《脑科学和脑健康面临的挑战及发展建议》。
- 第十届海内外华人神经科学家研讨会（SCNW）在青岛召开。

2019 年

- 第十三届全国学术会议暨第七次会员代表大会在苏州召开，会议规模 3731 人，创造年会历史新高点。
- 协办 2019 世界人工智能大会 AI 科技沙龙。
- 成立了学会第一届功能型党委会和第一届监事会。

2020 年

- 首次开展评选、发布学会年度重大进展推荐。
- 承担中国科学技术协会类脑智能产业与技术发展路线图项目。
- 承办第三届世界顶尖科学家论坛的脑科学分会。
- 组织各分会换届，并成立了分会党小组。

2021 年

- 开展科学家精神宣传工作，制作专辑视频《领路人》。

- 第十四届全国学术会议暨第七届第二次全国会员代表大会在重庆召开，首次采用线上线下相结合模式，线下参会代表三千九百余人，线上参会代表近千人。
- 开展专业分会首次交流评估会，以评促建。
- 成功推选一位中国工程院院士。
- 承担中国科学技术协会的科创中国 · 脑科学与生命健康科技服务团项目。
- 编辑出版《前沿科学》杂志神经科学专辑。
- 举办学会第一届神经科学艺术大赛。

2022 年

- 成立科创中国人工智能行业赋能服务团，召开新一代人工智能医疗健康探索产学研融合会议和项目路演。
- 承担中国科学技术协会脑机接口产业技术路线图研究项目。
- 打造“聚精‘汇’神”科普品牌系列活动，荣获中国科学技术协会年度全国学会科普工作优秀单位。
- 开展第一届“聚精‘汇’神”科普作品大赛。
- 第十五届全国学术会议转为线上召开，参会代表两千余人。
- 通过民政部对社会组织规范化评估，获得 4A 等级。

2023 年

- 第十六届全国学术会议暨第八次全国会员代表大会在珠海召开，会议规模突破五千七百人。会上首次开展学术采访，设置前沿对话。
- 成功举办第二届中日韩国际会议，夯实我学会与 JNS 和 KSBNS 的合作关系。
- 成功推荐一位中国科学院院士。

- 首次举办神经科学云梯营暨青年科学家研学班。
- 继续打造“聚精‘汇’神”品牌，获得中国科学技术协会全国科普日优秀活动、优秀组织单位。

2024 年

- 与美国神经科学学会（SfN）签订 Travel Fellowship 合作协议。
- 第十七届全国学术会议在苏州召开，会上首次组织了国际青年论坛、双边或多边国际工作交流会，推进年会国际化。
- 推选学会国际交流工作委员会秘书长当选国际脑研究组织亚太区域委员会（IBRO-APRC）委员。
- 承担中国科学技术协会的学会服务国家战略专项类脑计算、感知与智能技术发展路线图和脑机接口交叉学科发展研究项目。
- 成立中国神经科学学会（上海市神经科学学会）办事机构党支部。

第三章

PART THREE

学会发展历程

1995 年至 2025 年，中国神经科学学会已历经三十载春秋，三十年孜孜不倦，三十年硕果累累。中国神经科学学会的成立开启了中国神经科学事业新时代，标志着我国神经科学工作者有了自己的组织。在学会成立之后的三十年间，我国神经科学工作者在学会的团结和带领下，搭建起学术交流、科学普及、人才举荐、国际合作的一体化平台，推动了我国神经科学不断发展。紧扣国家在神经科学领域的战略需求，提升科技创新能力，改善国民健康水平，提升国际竞争力，推动神经科学基础研究、疾病防治、心理健康、人工智能、国际合作、产业化等多个方面的发展。目前，我国的神经科学已经跻身于世界神经科学前列，众多领域走在世界神经科学的前沿。今天，在我们庆祝中国神经科学学会成立三十周年之际，一起回望来时路，看清脚下路，不断坚定前行路，将献身我国神经科学事业作为未来发展的坚定方向！

1. 先驱开拓 前辈奠基

神经科学作为一门新兴学科，起源于二十世纪六十年代初。我国第一批选派到国外留学的科研先驱回国时，带回了西方神经科学的先进思想和研究方法。其中，冯德培先生和张香桐先生作为我国神经科学研究的先驱、奠基者和开拓者中的杰出代表，为我国的神经科学发展做出了重要贡献，也为我国培养了一大批人才。

二十世纪五十至七十年代，顺应国家发展需要，针刺镇痛等领域有了较好的发展，为后来神经科学全面发展奠定了基础。我国的神经科学经历了中华人民共和国成立后的初步发展期及十年低潮期，在 1978 年全国科学大会后，我国神经科学事业也随着科学事业的蓬勃发展焕发了新的生机。多个五年计划持续支持了神经科学的发展，陆续建成了一批开展神经科学研究的机构。国内诸多科研院所、高校和医院有了专门从事神经科学基础研究和临床研究的人员，他们活跃在科研、教学、临床第一线，亟须有一个学术交流、了解国内外研究动态，以及面向全社会普及神经科学知识的平台。

以北京和上海为中心，神经科学研究机构和研究队伍逐步建立，但仍处于起步阶段。与国外相比，我国的研究队伍力量较弱，经验不足，资金等支持也有限，论文多半发表在国内学术刊物上，高水平的研究成果寥若晨星，与国际先进水平之间的差距“相当可观”。[①] 国际上各类神经科学社会团体已纷纷成立。1961 年，国际脑研究组织（International Brain Research Organization，IBRO）成立，致力于全球神经科学的发展。1969 年，美国成立了神经科学学会（Society for Neuro-

① 杨雄里院士：我多么希望再有一次唇枪舌剑的思想交锋。https://new.qq.com/rain/a/20230930A0421B00，2023-09-30。

science，SfN）。1974 年，日本神经科学学会（The Japanese Neuroscience Society，JNS）成立。1988 年，韩国脑与神经科学学会（The Korean Society for Brain and Neural Sciences，KSBNS）成立。1998 年，欧洲神经科学学会联盟（Federation of European Neuroscience Societies，FENS）成立。老一辈神经科学家们充分意识到，我们也需要加强队伍建设，参与国际竞争。在国际交流中我们也需要有一个正式的神经科学学术团体，引领我国神经科学的发展，在世界神经科学发展大趋势中发挥作用。

1986 年，冯德培、张香桐、曹天钦、庄孝僡、梅镇彤、沈锷、王亚辉、张镜如、周绍慈、王伯扬、陈宜张、邹冈、龚岳亭等前辈在上海发起成立上海市神经科学学会。1988 年，韩济生、薛启蓂、任民峰、范少光、万选才、金荫昌、匡培根、管林初等前辈在北京发起成立北京神经科学学会。这两个学会率先组织相关学术活动，为中国神经科学学会的成立奠定了基础力量。在此之前，香港和台湾地区也已成立神经科学学会。结合当时国内外的情况，老一辈科学家们认识到成立全国性的神经科学学会是顺应国际和国内神经科学发展的重要举措。

1991 年，杨雄里、吴建屏、韩济生、陈宜张、谭德培等前辈讨论组织全国性神经科学研讨会，决定由中国生理学会神经生理学专业委员会联合上海市神经科学学会、北京神经科学学会共同组织一次全国性神经科学会议，并拟定于 1992 年 11 月在上海召开。就是在这次会议上，冯德培、张香桐、吴建屏、韩济生、陈宜张、杨雄里、鞠躬等前辈首次讨论了成立全国性神经科学学会的必要性，并决定必须要尽快成立中国神经科学学会。随后，吴建屏、陈宜张、沈锷在上海脑研究所起草了建议成立中国神经科学学会的报告，张香桐、冯德培逐字逐句修改后，提交中国科学技术协会。在北京的韩济生和吴希如一起去中国科学技术协会解释学会成立的缘由和必要性。[①] 胡国渊、李继硕、陆雪芬、秦震、寿天德、孙曼霁、万选才、王绍、王书荣、吴希如、赵志奇、周长福等老一辈神经科学工作者都积极参与了学会的筹备与成立工作。

1994 年春，中国科学技术协会批准可以成立中国神经科学学会。同年夏，在武汉的华中科技大学同济医学院召开了学会成立筹备委员会扩大会议，会上讨论了理事长、副理事长、秘书长和首届理事会成员的候选人。时任国际脑研究组织秘书长奥托森（David Ottosson）教授，以及香港科技大学叶玉如教授、于常海教授等几位香港神经科学家也都参与了此次会议，大家兴高采烈，热烈期盼学会的成立。

在民政部、中国科学技术协会、中国科学院、国家自然基金委员会、中国人民解放军总后卫生部和上海市科学技术协会的大力支持下，1995 年 10 月，中国神经科学学会第一届会员代表大会暨首届全国学术会议在第二军医大学（现中国人民解放军海军军医大学）召开。来自全国包括香港地区的五百多位代表出席了会议，会上选举出第一届理事会，并选举吴建屏院士担任理事长，韩济生院士、陈宜张院士、万选才教授、陆雪芬教授担任副理事长，赵志奇教授担任秘书长，会议还确定了学会章程，挂靠单位为中国科学院上海脑研究所，学会秘书处办公地点设在该研究所内。自此，中国神经科学学会正式成立并开展工作，我国神经科学工作者有了自己的学术组织和家园。

这次会议不仅宣告了中国神经科学学会的诞生，也首次检阅了我国神经科学的基本队伍和研究成果，更向国际神经科学界表明：我国神经科学工作者有信心、有决心为揭示脑的奥秘做出自己应有的贡献。

---

① 引自《陈宜张自传长编》。上海科学技术出版社，2024 年。

2. 重点布局　扬帆起航

1989 年，美国把二十世纪最后十年命名为脑的十年，该计划引起了我国的重视，在国家层面开始对神经科学研究进行系统性资助。“八五”期间，国家自然科学基金委员会资助了十三个神经科学项目。1992 年由学会发起人之一杨雄里院士担任攀登计划—脑功能的细胞和分子机制项目首席科学家。“九五”期间，自然基金委资助了十四个神经科学重点项目。在这十年里，中国神经科学的基础研究得到快速发展，推动了神经疾病相关治疗药物和疗法的革新。此外，“973”计划中有两项属于神经科学范畴，一项由杨雄里院士任首席科学家的脑功能和重大脑疾病的基础研究（1999—2004），另一项由郭爱克院士领导的脑发育和可塑性的基础研究（2000—2005）。这是我国神经科学发展的一个新起点。

此时，学会刚刚成立，工作千头万绪，经费紧缺，条件极为艰苦。在第一届和第二届理事会的带领下，吸纳会员入会、努力开展学术交流、增强国内外神经科学联系。到 1999 年，成立仅四年的学会就举办了二十多次国内外学术交流活动。其中，第一届到第三届全国学术会议影响深远，意义重大，介绍了当时神经科学发展最新、最先进的技术，也加强了与国外相关领域学者的互动交流。根据神经科学研究的现状和发展趋势，理事会经过讨论酝酿，学会设立工作委员会（组织、学术、科普、青年、教育与继续教育）和专业委员会（神经生理、神经解剖、神经药理、神经化学、分子神经生物学、神经发育、神经内分泌、神经心理、神经免疫、神经工程、精神病学、神经病学、神经外科），充分覆盖当时的神经科学各研究领域，在全国范围内不定期地开办各类讲习班、青年培训班、专题学术会议等，让广大会员及时了解和掌握神经科学研究新动态，促进我国神经科学进一步发展。

学会积极开展国际交往，得到国际神经科学同行的认可和支持，提升了我国神经科学在全球的地位。在成立之初便被国际脑研究组织（IBRO）接纳为其团体会员。1996 年受国际脑研究组织委托，举办脑研究的新方法讲习班，讲授、实验示教最新技术。2000 年，与中国生理学会联合创办了海内外中青年学者神经科学研讨会（后更名为海内外华人神经科学家研讨会），促进海内外华人神经科学家的合作交流。2001 年在香港召开第四届全国学术会议，推动了香港与内地的学术交流。这些蓬勃发展的国际交流活动，展示了我国神经科学生机勃勃、欣欣向荣的大好形势。到了 2003 年，学会经过初期发展，会员人数大幅增长，每年顺利开展多种类型的学术活动及培训班，特别是在国际组织的支持下，吸引了多位知名神经科学家来华作报告，在国际上取得了较高的知名度。

学会成立起便作为《中国神经科学杂志》协办单位，积极参与和协助此期刊的创办和运营。当时，编辑部设在第二军医大学，陈宜张院士（时任学会副理事长）任常务主编。2006 年改名为 *Neuroscience Bulletin*（*NB*），编辑部转移至中国科学院上海生命科学研究院，时任学会理事长路长林教授任常务主编。2009 年学会成为其第二主办单位。2010 年底，主办单位聘请段树民院士任主编，并组织了由 93 位海内外知名神经科学专家构成的国际化编委会。2011 年 10 月，*Neuroscience Bulletin* 被 SCI 收录。2012 年 6 月，JCR 公布其首个影响因子为 1.331，实现了“零”的突破和历史性跨越。至 2024 年 *NB* 影响因子已经提升至 5.9。*NB* 于 2020 年起改为月刊出版，2020 年底变更主办单位，由中国科学院脑科学与智能技术卓越创新中心和中国神经科学学会共同主办。

中国神经科学学会在前期发展中打下了坚实的基础，营造了较为融洽的国际交往氛围，为后续学会开拓创新和稳定发展奠定了基调。

3. 服务需求　快速发展

进入二十一世纪，我国对于神经科学、脑科学和人工智能发展存在重大需求，出台了系列规划。2001 年以后，国家自然科学基金委员会在神经科学与心理学领域资助项目数量和金额快速增长。“十二五”期间，“973”计划共资助脑科学相关项目五十项，投入近十亿元。随着国家持续加大对科研院所和高校的经费投入，催生了一大批创新成果。尤其是中国科学院神经科学研究所（后更名为中国科学院脑科学与智能技术卓越创新中心）在多个神经科学基础研究领域取得开创性成果，大幅提升了国际影响力；并且涌现出一批具备国际视野的杰出科学家，他们作为中国神经科学发展的领军人物，在学会担任理事长、副理事长等重要职务，为学会发展做好“顶层设计”，统筹布局未来发展。

学会审时度势，紧跟学科发展步伐。经过前期的摸索前行和不断发展，学会会员人数大幅度增长，有 3380 位个人会员，发展了十个团体会员。这一时期，中国神经科学学会全国学术会议（Chinese Neuroscience Society Biennial Meeting，2022 年改为 Annual Meeting），海内外华人神经科学家研讨会（Symposium for Chinese Neuroscientists Worldwide，SCNW）已发展为学会的两个品牌会议。随着全国学术会议规模的不断扩大，依靠当地理事单位举办年会的模式已难以满足会议需求。2009 年，时任秘书长何士刚教授提出独立办会，学会常务理事会通过了这一提议。2011 年在郑州国际会展中心首次独立办会，以会带展，自负盈亏，这一模式延续至今。自此，全国学术会议逐步成为我学会学术交流、学科交叉、国际合作、科技奖励、企业合作、自主经营的平台。全国学术会议规模不断扩大，大会报告、小型研讨会、专题报告、墙报展示等会议形式多种多样，每次年会均开展特别活动，如为纪念冯德培先生百年诞辰和庆祝张香桐先生百年诞辰举行学术报告会。

各类专业研讨会、分会品牌会议等学术活动在全国范围内遍地开花，围绕细分专业领域进行深入的学术探讨，学术氛围极为浓厚。这些活动也充分体现了学会的学术性，有些活动已形成分会系列品牌会议，在学会三十年的发展中持续召开。在积极开展学会内部学术活动之外，学会积极向外延伸拓展，承办中国科学技术协会论坛，组织高端前沿科学技术问题的学术交流活动，提升学术交流层次。

培养神经科学青年人才，设立奖项托举是学会重要工作之一。在及时传播国内外最前沿的理论和技术知识方面，学会最大限度地提供平台支持，多渠道设立奖项，为培养、支持神经科学青年人才的发展做出贡献。受张香桐基金的委托，学会从 2010 年开始评选和颁发张香桐神经科学青年科学家奖和张香桐神经科学优秀研究生论文奖。联合赛诺菲、奥林巴斯分别设立了赛诺菲中国神经科学优秀学者奖、Olympus Travel Fellowship。学会联合理事单位及多所科研院所和高校，举办各类培训班和学习班，为推动和提高我国的神经科学科研和教学做出了巨大贡献，也培养了一大批神经科学人才。

学会始终坚持初心，促进国内外学术交流，与国际组织建立常态化合作。2002 年至 2009 年，在上海、重庆、青岛、太原、香港、南京等地举办国际脑研究组织研讨班、IBRO Neuroscience School。2011 年，与 JNS 联合举办了 CNS-JNS 双边研讨会，该合作一直持续至今。同年，首次与 SfN 合作，在北京举办了以学术道德和学术交流技巧为主题的讲习班，并在年会上设立了 CNS-SfN 学术研讨会。2013 年与 FENS 签署了 FENS-CNS Young Researchers Exchange Support Programme。此外，第四届亚洲疼痛会议（APS）、第九届国际疼痛研究组织研讨会（IASP）先后在上海召开，进一步促进了我国疼痛领域的研究进展。

结合当时的学科发展趋势，聚焦神经科学临床领域的发展，2008

年，在原有专业委员会基础上进行更名，并成立了新一批基础与临床相结合的专业分会。通过推动分会的发展来促进学会全面综合性发展，极大地推动和加强了各专业领域的学术交流。此外，在学会的推动和支持下，河北、江西、辽宁、浙江四省先后成立了省级神经科学学会。

2002 年至 2011 年，中国在神经科学领域发表的 SCI 论文数量从三百零二篇增加到二千四百三十一篇，世界排名从第十六位上升到第四位，仅次于美国、英国和德国；被引用频次从世界排名第十九位上升到第九位。十年间中国神经科学的高被引用论文总量为一百八十四篇，其中 2007 年至 2011 年的五年共产出一百四十三篇，是前一个五年期的 3.5 倍。中国神经科学无论是研究规模、论文数量，还是学术影响力（被引用频次），这十年的国际地位呈现阶梯式提升。伴随着神经科学的快速发展，中国神经科学学会也在稳步发展中，2011 年通过了民政部 3A 等级评估。

4. 引领前沿　创新突破

2013 年、2014 年，欧盟、美国、日本先后开启脑计划。2016 年 3 月，我国发布的《“十三五”规划纲要》，将脑科学与类脑研究列为国家重大科技创新和工程项目。2021 年 9 月，随着中华人民共和国科学技术部（简称科技部）发布《科技创新 2030—“脑科学与类脑研究”重大项目 2021 年度项目申报指南》，酝酿六年多的中国脑计划正式宣布启动。中国神经科学学会也迎来了迅速发展的时期，经过前期茁壮成长，学会取得了累累硕果，显示出了巨大的影响力、强劲的凝聚力和旺盛的生命力。在学科迅猛发展的势头下，学会认定方向，躬身入局，团结引领广大神经科学工作者，为繁荣我国神经科学事业做出新的更大的贡献！

学会于 2019 年成立了功能型党委，指导下设的专业分会逐步成立分会党小组，2024 年底成立了学会秘书处党支部。学会坚持党建强会，为科技工作者服务、为创新驱动发展服务、为提高全民科学素质服务、为党和政府科学决策服务，发挥学会平台优势，助力科技强国建设。

在学会发展高歌猛进之际，学会不忘传承，大力弘扬科学家精神，以老一辈神经科学家的精神引领新一代神经科学家的发展，老一辈科学家的“爱国、创新、求实、奉献、协同、育人”的精神令人动容。借助全国学术会议平台，邀请神经科学前辈们分享自己在漫长科研、奋斗生涯中积累的经验与感悟，激励年轻一代积极践行老一辈的爱国主义精神，将个人科研与国家需求相结合，为建设现代化科技强国贡献科学家的力量。

学会自成立起，每两年举行一次全国学术会议，2021 年后改为每年召开。年会结合学科发展趋势，由早期设置基础临床相结合专题，到组织促进学科交叉融合的论坛，再到如今聚焦类脑智能等前沿领域，创新发展神经科学前沿和产业生态。联合多方媒体宣传，实时发布学术新闻稿等系列举措的实施，进一步增强了品牌效应。年会影响力、号召力、凝聚力连年攀升，已成为我国神经科学领域中规模最大、影响力最大的学术会议。全国学术会议的国际化进程不断加快，与重要系列国际会议联合举办，提升多边、双边国际专题研讨会比例；组织国际青年论坛、国际期刊编辑论坛；鼓励英文墙报展示交流。2023 年第十六届年会邀请了来自美国、加拿大、日本、韩国等共十六个国家一百五十六位参会代表。2024 年第十七届年会期间组织了我学会与 JNS、KSBNS 以及 FAONS 工作会议，中日韩三方就未来进一步推动三国间神经科学领域的国际合作达成了共识。

各专业分会也积极打造自己的品牌活动，逐步形成一大批有规模、有影响力的活动。学会不断拓展学术交流渠道，提升学术会议层次。积极响应中国科学技术协会和民政部的要求，充分发挥学科优势，参与到国家级乃至世界级国际会议的承办和协办中。

神经科学发展势头迅猛，引领神经科学发展，学会责无旁贷。在多年的不懈努力下，成效显著，尤其是助力中国脑计划的发展。2013 年，学会发起人之一杨雄里院士牵头，向政府提出设立中国脑计划的建议并得到相关领导的批复。2016 年至 2020 年，学会承担了中国科学技术协会的神经科学方向预测与技术路线图项目，出版《神经科学方向预测与技术路线图》，并发表《神经科学与类脑人工智能发展：机遇与挑战》和《神经科学和类脑人工智能发展：未来路径与中国布局——基于业界百位专家调研访谈》两篇专报。学会调研我国各地脑计划出台后所取得的神经科学进展，形成《神经科学和类脑人工智能发展——新进展新趋势》。2021 年承担完成了我国类脑智能产业与技术发展路线图研究研究项目。2022 年至 2023 年，学会继续承担脑机接口产业技术路线图项目，为跨学科发展提供支撑。自 2020 年起，评选发布本年度中国神经科学重大进展，积极推动生命科学领域的创新性发展，后续，学会推荐的成果被中国科学技术协会纳入 2023 年中国生命科学十大进展和 2024 年十大工程技术难题。

面临变幻莫测的国际形势，秉持初心，坚持国际合作。学会先后建立起与 IBRO、FENS、JNS、SfN、KSBNS 等国家地区神经科学组织的联系和合作，共同举办学术会议，设立联合奖学金，开展常态化国际交流合作项目。学会成员在国际组织任职数量持续增长。随着中国国际地位的不断提升，国家科技实力不断增长，未来，中国神经科学学会在国际交流合作方面大有可为，将在国际舞台上发挥更加重要的作用，助力全球神经科学研究发展。

学会努力建设人才创新高地，搭建人才培育、服务、举荐体系。成功推荐了两院院士两位，中国青年科技奖两位，全国创新争先奖两位，未来女科学家计划一人，青年人才托举项目十五人。此外，依托张香桐基金、联合国际组织和多家企业设立奖项。多年来，经学会推荐获奖以及获得学会奖项的多位专家已成长为学会的中坚力量。为了更好地培训神经科学生力军，学会定期开展青年研习班、青年论坛、技术培训班等。尤其是 2023 年开始举办的神经科学云梯营暨青年科学家研学班。

学会早在二十一世纪初就提出要做好科普工作，得益于学会理事的大力支持，科普工作进行得如火如荼，近十年的科普及公益服务表现更是可圈可点。2013 年至 2017 年，连续五年开展癌痛社会救助项目，主动承接政府职能转移。2019 年成立科普与继续教育工作委员会，齐心协力将科普工作打造为学会新的名片。吸纳学会内外专家，组建专业专家团队，成立中国神经科学学会志愿者团，提高科普内容的专业性及创新性。2021 年学会成功建立科普品牌“聚精‘汇’神”，已连续三年获得全国优秀科普工作单位、全国科普日优秀组织单位等荣誉。

推动产学融合，助力科研成果转移转化是学会新的瞄准点。学会积极发展新质生产力，大力推进神经科学领域科技创新。其中，类脑智能和脑机接口是当下的前沿科技，学会充当了科学家、企业家、投资机构、政府机构的桥梁和纽带，借助全国学术会议等平台，助力科研成果的转移转化。（学会以上海为试点展开尝试，在上海市政府、中科院上海分院、上海市科协的支持下，由学会理事长张旭院士作为总负责人，积极带领上海神经科学学会与中科院上海国家技术转移中心共同创办了上海联慧脑智工程中心这一新型科技研发和转化机构，富有成效地开展脑与智能研究、科技合同交流等工作。该工程孵化出多种重大技术突破和培育了优秀科技人才，比如爱观视觉和新松机器人合作的机器人在工博会上获得二等奖。）2020 年开始，成立了科技转化与创新工作委员会、类脑智能分会、脑机接口与交互分会、神经调控基础与转化分会，发挥学科优势，促进类脑计算、脑机交互等前沿科技和未来产业创新发展。2021 年、2022 年先后承担参与中国科学技术协会“科创中国”项目；2023 年筹划讨论类脑智能产业发展、神经调控前沿进展白皮书，引领行业标准；2024 年承担全国学会服务国家战略专项－类脑计算、感知与智能技术发展路线图，带领学会继续助力产学研融合。

伴随着学会的发展壮大，组织建设不断完善。学会个人会员已发展到近三万人，团体会员十八个；理事会一百三十九人；根据业务发展，工作委员会八个；根据学科发展，专业分会二十七个；秘书处已有十位专职工作人员。建立分会会议系统、会员服务网站等学会 OA 系统。开设官方微信公众号，目前关注的公众量达三万九千人，年累计阅读量三十万以上；视频号目前已有一万五千人，月均直播量四五次，年累计观看量十万以上。学会的队伍规模和业务工作都已翻倍增长，时任秘书长何成教授提出要加强内部管理，学会需规范持续发展。2019 年，根据科协要求，学会建立了监事会、党委会、理事长办公会、（常务）理事会、工作委员会、专业分会会长等工作会议制度。2021 年起，每两年组织开展一次专业分会评估交流。同时，不断完善内控制度，促进了学会健康有序地发展。2022 年，学会在民政部社会组织评估中获得 4A 等级称号。

5. 结语

中国神经科学学会三十年发展紧紧围绕着神经科学学科的发展路径，从开始的基础神经生物学，到临床医学的加入，再到类脑人工智能的加入，迎来了神经科学的大发展，这里凝聚着每一位支持、关注学会发展的神经科学同仁的心血。1995 年至今，我国神经科学领域的基础设施建设、人才队伍建设、科研产出方面都有了很大进步。已建成国家重点实验室八个、脑科学相关研究中心超二十个；神经科学研究人员规模不断壮大，已达到三万二千余人。从人才总量上看，我国神经科学领域通讯作者数量仅次于美国的五万人，排名世界第二，高于德国和英国。从 ESI 高被引科学家角度看，中国排名第四，位于美国、英国和德国之后，稍高于法国。发表在顶级期刊的论文，获得认证的专利数量也在逐步增长，我国神经科学领域产出的体量跻身于世界前列，我国神经科学发展也迎来了最好的时代。

2025 年，中国神经科学学会迎来了三十岁的生日，迈入“而立之年”。从“捉襟见肘”的艰难岁月一路走来，学会在探索中发展，在崎岖道路中前行，所幸前路是光明的，方向是坚定的。三十岁的中国神经科学学会风华正茂、生机勃勃、活力满满，昂首阔步走在神经科学探索之路上！未来，中国神经科学学会必将屹立在国际神经科学发展潮头，带领中国神经科学工作者探索脑的奥秘，书写辉煌新篇章！

第四章

PART FOUR

支撑中国神经科学发展

1. 促进学术交流

中国神经科学学会自成立以来，一直以促进学术交流为宗旨，积极团结全国神经科学工作者，助力神经科学出成果、出人才，为繁荣我国神经科学事业做贡献。

成立初期，学会致力于学术交流，倾力重点打造全国学术年会。从2021年开始，随着脑计划实施，研究成果越来越多，年会也改为每年召开一次。会议活动逐渐变得丰富多彩：设立张香桐青年科学家报告，现场评选优秀墙报奖（2001年）；增设临床卫星会议（2013年）、海峡两岸研讨会、神经科学展望座谈会（2015年）；联合企业设立奖学金（2009年）；设立Public Lecture（2011年）；首创集印花展厅活动（2017年）；展示科学家精神、艺术大赛作品（2021年）、招聘信息（2023年）等。会议学术质量和组织水平也逐年提升：分会场由四个发展到十个，设立年会学术委员会，重视学术海报（poster）交流，摘要收录篇数由四百二十篇增长至一千二百七十篇。2007年开始，不断完善独有的全英文分类注册系统、电子现场签到、电子论文集、电子发票签收系统等。年会以会、展、赛、合四位一体的定位标准，三十年来勇于攀登。从上海发起，一路走过西安、北京、香港、青岛、重庆、杭州、广州、郑州、北京、桐乡、天津、苏州、重庆、珠海、苏州，已经从最初的五百人发展到现在的五千七百人，并争取成为世界脑科学领域的一流国际会议。近几年来也吸引到新华网、《人民日报》、《光明日报》、丁香园等国家级媒体、企业跟进报道，影响力不断提升。

学会积极组织海内外华人神经科学家研讨会（SCNW），会议采用美国戈登会议模式，促进海内外神经科学领域的专家和学者相互交流和合作。从 2000 年开始，逢偶数年举办，首届会议在合肥举办，后续的会议先后在成都、广州、昆明、长沙、南昌、西安、苏州、合肥、青岛举办。此会议为国内引进海外华人神经科学家产生了帮助效应，也为国内神经科学家出国进修起到了牵针引线的作用，在一定程度上带动了我国神经科学的发展。

世界人工智能大会自 2018 年创办以来，已成功举办过五届，学会积极承办分论坛，促进跨学科、跨领域、跨国界的交流。2021 年，学会成立了科技转化与创新工作委员会，组建了“科创中国”脑科学与生命健康科技服务团和人工智能行业赋能服务团，启动科技创新工作。2021 年至 2023 年，学会连续承担中国科学技术协会的“科创中国”项目，围绕生物医药、人工智能、脑机接口产业领域，汇聚头部企业，建立产业联盟；组织专家调研发展瓶颈和问题，形成智库报告和专家观点汇编，助力区域发展。2023 年至 2024 年在全国学术年会中设立产学融合论坛，2023 年着眼类脑智能、脑疾病与脑健康、AD 临床实践等领域，探讨研发新方向和临床诊治新手段，加强学术界与产业界的协同与融合。2024 年聚焦脑科学产学融合、神经外科基础与临床相结合、脑机接口与人工智能等前沿科技领域，从基因治疗、神经调控、人工智能多个热门角度切入，分享最新研究进展。

第十六届全国学术会议主会场（参会人数五千七百人）

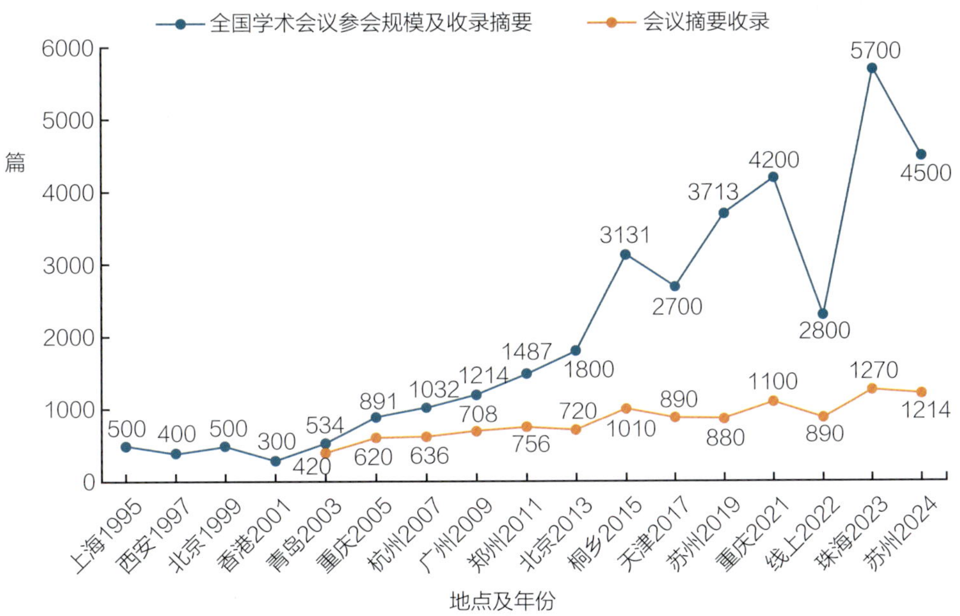

全国学术会议参会规模及收录摘要篇数

2019年，世界人工智能大会：AI科技沙龙

2022年，承办中国科学技术协会“科创中国”项目会议

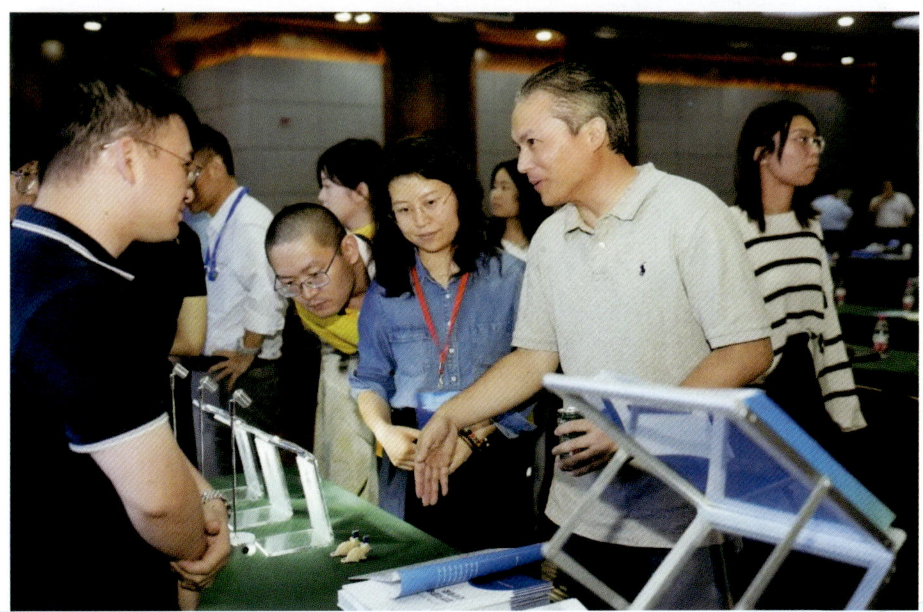

2023 年，承办中国科学技术协会“科创中国”项目会议

上：2023 年，CNS 年会产学融合论坛会场
下：2024 年，CNS 年会特色论坛会场

2. 加强社会服务

学会在神经科学领域社会服务和科普传播中扮演着越来越重要的角色，根据社会公众实际需求，普及科学技术知识、弘扬科学精神、传播科学思想、倡导科学方法，取得了较好的科普成果。

早期的公益科普活动主要以相关疾病义诊为主，学会依托下属临床专业分会围绕神经疾病和精神疾病开展社区义诊活动，尤其是 2013 年至 2017 年，学会承接农村地区晚期癌痛的社会服务示范项目，在上海市崇明区、甘肃省定西市、黑龙江省龙江县、江西省新余市等地举办癌痛患者及家属健康宣教活动。通过各地义诊、赠送抗癌药物、深入社区宣讲、培训基层医护人员、设置救助站点等形式，切实为患者解决问题，两万三千人直接受益。2021 年开始，学会青年工作委员会、科普与继续教育工作委员会联合开展西部行公益活动，邀请上海、北京、杭州等地的资深罕见病专家深入中西部地区开展公益义诊，为罕见病患者及神经性疾病患者提供专业诊治。

学会联合全国各地方学会，将“聚精‘汇’神”科普活动“开遍”全国各地，在武汉举办了“星星的孩子——世界自闭症日专场活动”、在深圳举办了“人工智能与生物智能共性问题的对话”科普报告、在北京首都图书馆举办了“孩子脑发育的关键期，你抓住了吗”科普报告；针对社会公众开展“聚精‘汇’神——追问大脑”主题日系列活动，如国际罕见病日、睡眠日、帕金森病日、自闭症日、痛风日、预防中风日、国际癫痫关爱日、阿尔茨海默病日、精神卫生日、视觉日、疼痛日、脑卒中日等。此外，2022 年上半年，组织系列科普报告如“疫情下的压力应对和管理”“复工复产，从心开始”和“解码情绪，卸下恐惧”等，通过线上线下等多种渠道，号召科学理性地面对疫情。

义诊活动

青少年是未来国家发展的希望，开展青少年科普活动有助于提升青少年的科学素养，激发他们对科学的兴趣和探索精神。2014 年开始依托基础研究专业分会组织中学生走进实验室，开展“探索大脑的奥秘”等活动。2020 年起，联合地方科协针对中小学生开展“聚精‘汇’神——发现大脑暨未来科学之星”系列活动，主题浅显易懂。2021 年教育部先后颁布“双减”和“睡眠令”，学会邀请到“睡眠令”制定者，为小朋友们带来“说说睡眠那些事儿”和“良好睡眠、成功之源”科普讲座。为了使科普活动不仅局限于线下，制作十一期科普视频“谁偷走了你的记忆力”“大脑的发育”“大脑的进化”“探索大脑，感受光的起点——视网膜”等，在学会视频号、微博等官方平台发布，以社会大众喜闻乐见的方式宣传科普知识，进一步扩大科普活动的影响力和影响范围。

主题日报告

2016 开通官方微信公众号中国神经科学学会、2020 年开通官方科普微信公众号遨游神经科学 Navibrain。一些专业分会紧随其后开通了离子通道研究进展、应激与大脑、神经调控基础与转化分会、CNS 脑机接口与交互分会、突触与可塑性研究等微信公众号，2022 年学会陆续开通微博账号、哔哩账号、视频号，发布科普视频和活动通知并直播系列科普活动。2021 年，学会与光明网、科普中国、科创中国、上海科学技术协会、上海图书馆、上海自然博物馆、北京科协频道、创新教育国际协同研究中心等机构合作，与蔻享学术、Brainnews、心仪脑、脑医汇、脑机接口社区等自媒体平台建立了合作关系，各类科普信息、科普活动的阅读人数累计千万以上。

青少年科普活动

2022 年，与中国科学技术协会“科创中国”联合拍摄“院士开讲”“学科追梦人”系列科学家纪录片，其中张旭院士的“脑科学与人工智能”单场播放量 736 万；2024 年，组织“大脑连结：探索与创新系列科普活动”，将大脑与艺术、体育、美食、音乐、睡眠、情绪等主题以专场讲座、论坛、展览、工作坊等的形式开展，实现科普跨界合作。学会科普工作委员会鼓励出版科普书籍，其中《生长的宇宙》荣获首届澳门国际科幻奖。

3. 助力人才成长

过去的三十年，我国神经科学领域的研究人才数量快速增长，人才队伍进一步扩大发展。学会积极行动做好人才培养和队伍建设工作，持续助力神经科学领域人才成长。

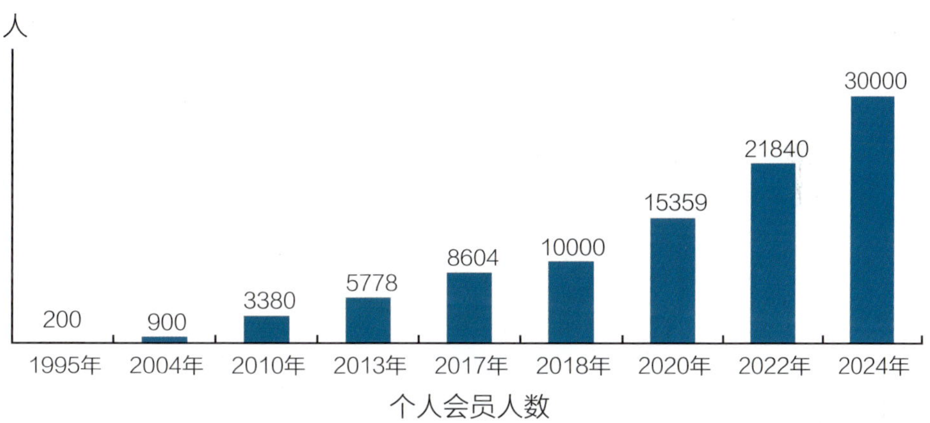

个人会员人数

学会刚成立之际，个人会员仅 144 人，2010 年增至 3380 人，2017 年至 2018 年，会员突破万人。2020 年至 2022 年，随着新分会的设立，发展到 21840 人。2023 年至 2024 年，吸纳了更多活跃的青年学术骨干加入学会，个人会员近三万人。其中，荣誉会员 45 人，普通会员约二万人，学生会员一万人；基础研究领域的会员约占 63%，临床领域约占 37%。此外，人工智能、工程领域等学科交叉的个人会员近两千人。会员群体多学科化发展，为不同学科之间的交流融合提供了基础条件。2024 年，结合我学会发展需要，尝试吸纳海外知华、友华科学家加入学会，试行外籍会员邀请制。2020 年，随着神经科学的迅速发展，人工智能、脑机交互等领域新型企业迸发了新动力，单位会员扩大了企业范围和类型，目前有 18 个单位（企业）会员。

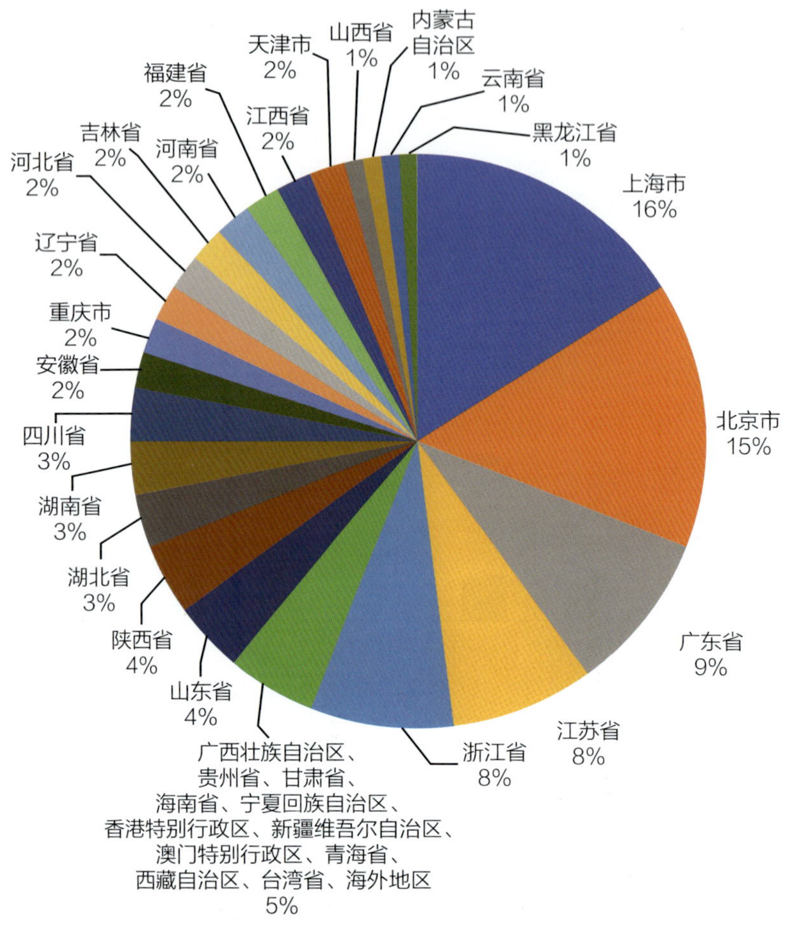

学会会员地域分布

二十世纪九十年代，我国主要综合性大学、医科大学及科学院都相继开设了神经科学或神经生物学的课程，教学和教科书建设工作得到加强。1993 年 6 月，韩济生院士主编的《神经科学纲要》(即《神经科学》第一版）正式出版，全面深入地介绍了神经科学。2009 年，学会组织第三届神经生物学教学研讨会，围绕神经生物学的双语教学、课程建设、教材编撰等问题进行了热烈讨论。2015 年 9 月，CNS 年会上以教学模式探索和教学实践为主题，组织了神经生物学教研专题研讨会。

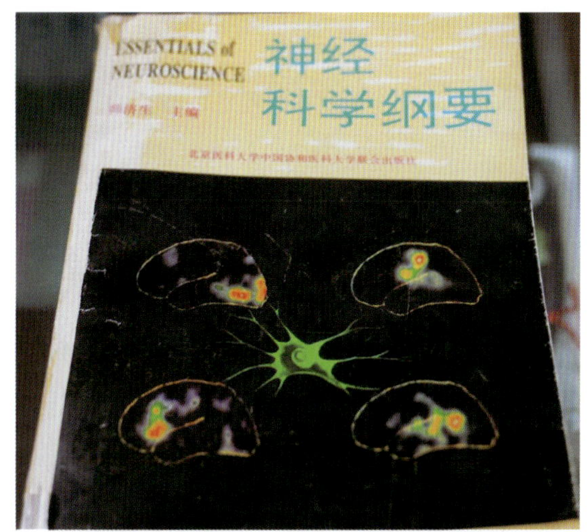

《神经科学纲要》

09:30-12:30 **Tong An Pu Qing & Pu Xian Hall/** 通安普庆－普贤厅

Symposium 43:
Teaching Neurobiology (Chair: Ping Zheng)

09:30-10:00 **Li Cao,** Second Military Medical University
医学神经生物学课程建设

10:00-10:30 **Liangwei Chen,** Southern Medical University
神经生物学的"创新性思维"的教学模式探索

10:30-11:00 **Ming Chen,** Hangzhou Normal University
南方医科大学神经生物学教学实践和思考

11:00-11:30 **Tianle Xu,** Shanghai Jiao Tong University
神经科学研究生创新人才培养的实践和思考

第三届神经生物学教学研讨会

学会开办丰富的培训班，涵盖了基础研究、临床应用及交叉学科，从实际出发，针对不同职业发展阶段，为青年科学家们提供指导和帮助。如计算神经科学班连续开展了十二届，促进了神经科学、计算机交叉融合发展。全国光遗传技术培训班自 2012 年举办，搭建了围绕神经环路调控和结构与功能解析技术的交流平台和资源共享平台。意识障碍诊疗技术培训班自 2015 年开展延续至今，介绍临床应用新经验。疼痛研究技术与方法培训班自 2017 年开始连续举办八届，通过理论、操作结合性教学，规范研究者的操作方法。开办了八届的神经环路示踪技术全国培训班旨在提高国内神经科学群体的国际竞争力。2018 年启动了赛过阳光－心境障碍学术能力提升项目，每年开展专场活动，解读文献，分享真实病例，提升了中青年医师的诊疗水平。

学会开办丰富的培训班

学会联合社会力量设立多个奖项，表彰鼓励取得突出成绩的科学家。2009 年，设立张香桐神经科学家奖与优秀研究生论文奖、中国神经科学优秀学者奖（赛诺菲）、Olympus Travel Fellowship、CNS Award for Excellent Conference Poster；2013 年，设立 *Neuroscience Bulletin* 编委杰出贡献奖及优秀论文奖；2019 年，设立中国神经科学学会神经科学成就奖（CNS-CST Outstanding Neuroscientist Award）；2022 年，设立 CNS-NeuroXess 青年科学家基金项目。这些奖项不仅是对于获奖者学术成就的肯定，也激励了更多年轻科学家投身于神经科学研究，大多获奖者也非常热心学会工作。2022 年起，学会成立奖励工作委员会，对奖项的设立、评选和发布进行了标准化和系统化改进，保证奖项评选的公正性和权威性。

2010 年至 2011 年年度中国神经科学优秀学者奖（赛诺菲）颁奖现场

2011 年，张香桐神经科学青年科学家奖颁奖现场

2011 年，张香桐神经科学优秀研究生论文奖颁奖现场

2013 年，Olympus Travel Fellowship 颁奖现场

2013 年，Award for Excellent Conference Poster 颁奖现场

2019年，中国神经科学学会神经科学成就奖（CNS-CST Outstanding Neuroscientist Award）颁奖现场

2021 年，*Neuroscience Bulletin* 编委杰出贡献奖颁奖现场

2024 年，CNS-NeuroXess 青年科学家基金项目颁奖现场

同时，学会在人才举荐方面也不断完善。开展中国科学院院士、中国工程院院士、谈家桢生命科学奖、国家科学技术奖、青年人才托举工程项目等人才推荐，支持优秀青年人才参加国际会议。学会理事会和分支机构中有很多都是曾在学会获奖或经由学会推荐的人才，在学会组织的各类学术会议、科普报告、国际合作、培训班里屡屡见到他们的身影。

近年，学会凝聚力量，发挥青年工作委员会作用，陆续打造了西部行、云梯营、全国青年论坛品牌活动，影响力不断扩大。其中，神经科学云梯营暨青年科学家研学班效果突破预期，云梯营寓意为“登科学高峰之梯，步步为营，前人搭梯后来者勇敢攀登”。2024 年举办了首届全国神经科学青年科学家论坛，围绕学科交叉融合及促进青年科学家成长等内容展开，激发青年科技骨干创新创造活力。西部行系列活动，由青年工作委员会牵头组织委员到西部地区与当地高校、医院开展资深临床专家公益义诊与学术交流，促进了东西部医疗、教学和科研优质资源共享，助力西部地区青年人才培养。

2024 年，首届全国神经科学青年科学家论坛

2024 年，中国神经科学学会西部行活动

2024 年，第二届神经科学云梯营暨青年科学家研学班

4. 推动国际合作

自 1995 年正式成立以来，学会便将开展国际交流作为学会的重点工作，不断探索与深化交流方式和合作模式，坚持引进来和走出去相结合。在学会努力下，中国神经科学的国际影响力得到了显著提升，也为世界神经科学的发展贡献了中国智慧和力量。

与国际脑研究组织（IBRO）的合作　1995 年学会成立便加入了国际脑研究组织（IBRO）。1996—2006 年，学会受 IBRO 委托举办了脑研究的新方法讲习班、重庆神经科学学习班、青岛神经科学学习班、二十一世纪生命科学数码成像新技术讲习班、IBRO Associate School of Neuroscience 等培训活动。2009 年至 2014 年，在西安、南通、苏州、南京、香港等地组织了 IBRO Neuroscience School、IBRO-APEC Neuroscience School，培养了大量青年神经科学后备军。近年来，学会与 IBRO-APRC 深入交流合作，举办 IBRO Global Neuroscience Horizons Webinar、IBRO-APRC Summer School，

2007 年，IBRO 学习班合影

在 CNS 年会上设立 IBRO-CNS 专题论坛、邀请 IBRO 代表来华参展等。学会首任理事长吴建屏院士任国际脑研究组织常务理事，为后续合作交流奠定了坚实基础。2024 年，学会国际交流工作委员会秘书长胡霁教授当选 IBRO-APRC 委员，为我国科学家在国际舞台上争取了更多话语权。

上：2009 年，IBRO 学习班合影
左下：2019 年，学会代表参加 IBRO 会议
右下：2023 年，IBRO 代表到 CNS 年会设展

与欧洲神经科学联盟（FENS）的合作　2014 年，学会携手会刊 *Neuroscience Bulletin* 参加 FENS Forum，随后双方签订了 FENS-CNS Young Researchers Exchange Support Program 合作协议、Travel Award 合作。同时，双方开展会员参会互认制，为会员提供了更多交流机会。

2024 年，FENS Travel Awards 获奖者在 FENS Forum 交流分享

与日本神经科学学会（JNS）的合作　学会与 JNS 的合作由来已久，从 2011 开始，每年轮流在对方年会上设立双边专场研讨会，2021 年，JNS 与我学会和韩国脑与神经科学学会（KSBNS）一起主办了第一届中日韩国际会议（线上）。此外，学会还与 JNS 共同设立了 Travel Award，每年推荐、资助六名优秀青年人员参加对方年会，这一举措极大地促进了中日两国青年神经科学工作者的交流与学习。

2023 年，CNS-JNS Travel Award 获奖者参加 JNS 年会

与美国神经科学学会（SfN）的合作　2011 年，与美国神经科学学会合作举办了有关学术道德和学术交流技巧的讲习班，设立 CNS-SfN 专题研讨会，邀请美国神经科学会主席作 CNS 全国年会大会报告。2018 年，联合会刊 *Neuroscience Bulletin* 参加了 SfN 年会，展示了我们的风采和成绩。2024 年，与 SfN 签订了 Joint Program-Travel

2024 年，会刊 NB 在 SfN 年会设展

Award 协议，双方每年分别选拔、资助五位优秀青年人才参加年会，促进了中美青年人才的学术交流，鼓励青年科研工作者在国际平台上分享和展示自己的科研思考和成果。

与亚大神经科学联合会（FAONS）的合作　2013 年，学会加入了亚大神经科学联合会（FAONS）。2015 年，在浙江桐乡主办了第六届亚大神经科学联合会学术会议，会议邀请到诺贝尔生理学或医学奖获得者等嘉宾做大会报告，促进了中国和世界神经科学的交流合作。

2024 年，CNS-FAONS 工作会议

专业分会的联动与支持　学会依托不断壮大的专业分会，通过联动与支持，积极开展国际学术交流与合作。如第八届中 - 印 - 日 - 韩神经生物学及神经信息学讨论会、国际发育神经生物学研讨会、亚大区神经化学学会大会、国际神经变性疾病学术研讨会等。如今，许多专业分会的国际会议已成为系列性活动，包括亚洲疼痛研讨会、国际离子通道大会、国际突触传递及可塑性学术研讨会、Computational Neuroscience Winter School、胶质细胞功能与疾病国际前沿研讨会等，这些会议已成为神经科学细分领域的重要学术交流平台。

The International Symposium on Synaptic Plasticity
& CSSNP Forum for Outstanding Young Neuroscientists
Opening Ceremony

第九届国际离子通道大会

胶质细胞功能与疾病国际前沿研讨会

第七届神经科技国际创新论坛

学会开展国际交流

5. 加强自身建设

三十年来，学会坚定党的领导，在各届理事会带领下，发展分支机构，成立专职人员秘书处，完善内部管理制度，使得学会各项工作有序运行，稳定发展。为了充分发挥党组织的政治引领作用，使党建工作和业务活动协同发展，学会建立了理事会成立功能型党委、专业分会成立党小组、学会秘书处成立了秘书处党支部，充分发挥党组织的政治核心和战斗堡垒作用。

学会功能型党委活动

西湖大学

中国神经科学学会
党工作小组

中国神经科学学会神经损伤与修复分会——党建活动

中国神经科学学会神经损伤与修复分会
第八届委员会第一次党组扩大会议
学习材料
2024年5月
中国神经科学学会
损伤与修复分会第八届委员会
换届会议会序
党员笔

专业分会党建活动

学会秘书处党支部成立

2019 年设立了监事会，监督学会理事会换届、财务规范等各方面工作，及时提出问题和建议。学会理事由最初的四十二人发展到如今的一百三十九人，理事会规模的壮大，见证了学会影响力和凝聚力的不断增强，吸引了全国范围内的优秀人才成为学会会员和理事，尤其是中西部神经科学发展较为薄弱的地区。学会理事长、副理事长积极承担责任，分别负责学会工作委员会的工作，常务理事、理事们深度参与学会工作会议，为学会发展建言献策。带头组织学术活动，推荐和组织青年会员参加国际学术会议，为学科的未来储备人才；投身科普团队建设，推动产学研合作研讨会的举办，组建科技服务团，让科技成果走出实验室、走进生活。

学会于 1995 年设立了五个工作委员会十三个专业委员会，1997 年按照民政部的要求对分支机构做了全面整顿。2008 年至 2013 年，结合当时学科发展趋势，设立了神经胶质细胞分会、感觉和运动分会、神经

第八次会员代表大会现场

损伤与修复分会、神经肿瘤分会、神经退行性疾病分会。2013 年 11 月，国务院取消了分支机构必须经民政部行政审批的规定，由学会负责监管分支机构的成立和开展活动。2013 年至 2019 年，学会成立了一批基础与临床相结合的专业分会，如儿童与脑功能障碍分会、麻醉与脑功能分会、学习记忆基础与临床分会。2020 年开始，学会着力推动脑科学与脑健康科技的转移转化，截至 2024 年，成立了类脑智能分会、脑机接口与交互分会、神经调控基础与转化分会。目前，学会下设二十七个专业分会，其中基础类分会十二个，临床类分会十一个，交叉类分会四个。每年主办活动九十多个，参与人数达九万人次，交流论文七百五十多篇，为学会壮大发展做出了重要贡献。

2015 年学会出资成立了上海卓越脑科学发展基金会，积极支持学术交流、国际交流、青年人才培养、科普活动等工作，每年召开理事会讨论通过设立专项资金，支持地方学会，设立国际奖学金，举办青年国际会议、神经科学云梯营、学会西部行公益义诊、艺术大赛及科普大赛等。在学会的支持下，基金会的服务范围由支持部分区域发展为全国范

专业分会 2021 年至 2023 年年度交流评估会

围，并着重资助中西部或偏远地区，推动了脑科学发展，促进了神经科学领域青年学者成长。

基金会侧重支持偏远地区成立神经科学学会和开展学术交流，陆续扶持了辽宁、吉林、云南、内蒙古等地方性学会的成立。目前与天津、重庆、上海、北京、湖北、安徽、黑龙江、广东、江西、辽宁、河北、浙江、湖南、江苏、山东、云南、内蒙古、吉林、四川，以及深圳、珠海二十一个地方学会建立了联结，不定时开展学会工作交流会，相互学习借鉴。通过在各地开展学会活动，汇集人才，发展神经科学生力军，与地方学会加强学习交流，共同为我国神经科学发展做出了贡献。

学会成立初期，秘书处依靠挂靠单位完成日常工作。随着学会蓬勃发展，秘书处人员队伍也逐渐扩大，陆续设置了学术、科普、会员、综合、外事、宣传等业务岗位和财务部门。2019 年，聘用专职秘书长，制定了《员工手册》及各项工作流程。2023 年，完成了学会与原挂靠单位脱钩，开始独立发展。为了健全管理体制，学会陆续制定系列制度，尤其是不断加强财务管理完善内控制度，并在 2020 年至 2022 年连续三年荣获科协系统财务数据汇总工作优秀单位荣誉。学会信息化建设也在不断发展：2004 年建立初版官方网站；2007 年开通线上提交摘要和注册参会；2010 年升级官网，建立会员、评奖、国际奖项申请系统；2018 年开发了学术会议信息、分会活动填报及评估、理事推荐系统；2021 年新增会议管理和结算审核系统。经过一系列改革创新，2022 年经民政部社会组织评估，学会获评 4A 等级，以及《中国科学技术协会年鉴》优秀组织单位、综合统计调查工作优秀单位等荣誉。

改革开放以来，在中国科学技术协会和相关部门的重视和支持下，学会不断发展，在促进经济发展、繁荣社会事业、创新社会治理、扩大对外交往等方面发挥了积极作用。回顾过往，学会攻坚克难、厚积薄发，从零出发搭建平台，广泛团结神经科学工作者。展望未来，学会将奋楫扬帆再启新程，继续带领中国神经科学工作者探索脑的奥秘，助力科技强国建设，为繁荣发展中国脑科学事业做出更大贡献。

荣誉证书

中国神经科学学会：

你单位在 2013 年度全国学会财务决算评比中荣获先进单位，特此表彰。

中国科协计划财务部
二〇一四年十一月

荣誉证书

中国神经科学学会：

你单位在2015年度中国科协系统综合统计调查工作中被评为优秀单位。特颁此证，以资鼓励。

中国科协计划财务部
二〇一七年[illegible]月

荣誉证书

中国神经科学学会

在 2018 卷《中国科学技术协会年鉴》编纂工作评选中，被评为“优秀组织单位”，特颁此证，以资鼓励。

中国科协信息中心（代章）
2018年12月

社会组织评估等级证书

证书编号：社评字[2022]第031号

中国神经科学学会

经评估，你机构被评为4A级社会组织，特颁此证。

（有效期至：2027年11月）

中华人民共和国民政部
二〇[illegible]年十一月

学会所获部分荣誉证书

附录

第五章

PART FIVE

1. 理事会及监事会

第一届理事会（1995 年—1999 年）

理 事 长：吴建屏

副理事长：陈宜张、韩济生、陆雪芬、万选才

秘 书 长：赵志奇

常务理事：陈宜张、韩济生、胡国渊、李继硕、陆雪芬、秦　震、寿天德、孙曼霁、万选才、王　绍、王书荣、吴建屏、吴希如、赵志奇、周长福

理　　事：包永德、蔡景霞、蔡文琴、曹小定、柴象枢、范少光、范天生、关新民、管林初、蒋正尧、鞠　躬、刘汉清、路长林、吕国蔚、慕容慎行、裘明德、滕国玺、王晓民、徐满英、徐美丽、严和浸、杨天祝、于常海、余启祥、张均田、张扬达、朱丽霞

副秘书长：路长林、王晓民、谢国扬

第二届理事会（1999 年—2003 年）

理 事 长：吴建屏

副理事长：陆雪芬、徐群渊、赵志奇

秘 书 长：路长林

常务理事：蔡文琴、韩济生、胡国渊、鞠　躬、陆雪芬、路长林、寿天德、孙凤艳、孙曼霁、吴建屏、吴希如、徐群渊、张万琴、赵志奇、朱长庚

理　　事：蔡景霞、柴象枢、陈怀红、陈宜张、陈应城、楚宪襄、刁云程、董为伟、关新民、江开达、蒋雨平、晋志高、李云庆、林文娟、刘汉清、罗学港、慕容慎行、丘小庆、裘明德、舒斯云、王绍、王建军、王晓良、王晓民、谢俊霞、邢　莹、徐满英、杨天祝、于常海、周江宁、周长福

副秘书长：王晓民、谢国扬

第三届理事会（2003 年—2007 年）

理 事 长：路长林

副理事长：陈　军、王晓民、赵继宗、赵志奇

秘 书 长：吉永华

常务理事：陈　军、高天明、何士刚、胡国渊、吉永华、李　和、路长林、寿天德、孙凤艳、王建军、王晓民、吴建屏、谢俊霞、徐群渊、叶玉如、赵继宗、赵志奇、周江宁、朱长庚

理　　事：蔡景霞、柴象枢、陈建国、陈怀红、陈生弟、陈应城、范　明、方秀斌、何　成、侯一平、江开达、姜玉武、蒋雨平、晋志高、李云庆、李凌江、李文斌、廖卫平、林文娟、罗建红、罗学港、罗勇、莫书荣、慕容慎行、丘小庆、阮怀珍、舒斯云、司军强、万　有、王　宪、王晓良、王宇田、吴爱群、邢　莹、徐满英、许文燮、薛一雪、于常海、张　策、张海林、张万琴、赵　华

副秘书长：万　有、谢国扬

第四届理事会（2007 年—2011 年）

理 事 长：路长林

副理事长：陈　军、吉永华、王晓民、赵继宗

秘 书 长：何士刚

常务理事：陈　军、陈生弟、陈应城、段树民、范　明、高天明、何士刚、吉永华、李　和、李云庆、路长林、罗建红、阮怀珍、孙凤艳、王建军、王晓民、谢俊霞、徐　林、于常海、张玉秋、赵继宗、周江宁

理　　事：白　波、陈　彪、陈建国、陈　忠、崔丽英、何　成、侯一平、江开达、姜玉武、晋志高、李凌江、李倩茗、李文斌、梁培基、梁尚栋、廖卫平、刘国松、刘　勇、罗　勇、梅岩艾、彭聿平、

丘小庆、施　静、司军强、苏炳银、孙　涛、田德润、万　有、王晓良、王宇田、翁旭初、武文元、吴志英、邢　莹、徐满英、徐如祥、徐天乐、许文燮、徐志卿、薛一雪、叶玉如、张　策、张海林、张　旭、赵春杰、赵　华、镇学初、周嘉伟、朱剑虹

副秘书长：何　成、万　有

第五届理事会（2011 年—2015 年）

理 事 长：段树民

副理事长：陈生弟、吉永华、饶　毅、王建军、徐如祥、于常海、张　旭

秘 书 长：何士刚

常务理事：陈生弟、陈　军、陈应城、段树民、范　明、高天明、顾晓松、何　成、何士刚、吉永华、姜玉武、黎明涛、李　和、李葆明、李云庆、罗建红、马　兰、饶　毅、阮怀珍、孙凤艳、唐北沙、万　有、王建军、王晓民、王以政、谢俊霞、徐　林、徐如祥、徐天乐、于常海、张　旭、张海林、张玉秋、赵　华、赵继宗、郑　平、周江宁

理　　事：白　波、鲍　岚、毕国强、蔡申瓯、陈　林、陈　忠、陈楚侨、陈建国、陈哲宇、陈志斌、冯　华、贺菊方、侯一平、胡志安、黄志力、江开达、姜　宏、蒋春雷、李　涛、李　武、李呼伦、李凌江、李文斌、梁培基、梁尚栋、廖卫平、林龙年、刘　力、刘　勇、刘国松、刘先国、陆　巍、陆　林、罗　勇、罗敏敏、罗跃嘉、罗振革、梅岩艾、彭聿平、祁金顺、丘小庆、邱猛生、容永豪、施　静、舒友生、司军强、孙坚原、孙长凯、田德润、王　柠、王　伟、王　韵、王建枝、王立平、王铭维、王晓良、翁旭初、吴志英、武胜昔、肖　波、肖中举、谢　维、邢　莹、徐富强、徐广银、徐志卿、薛一雪、杨国源、阴振勤、张　策、

张　岱、张　愚、张永清、张志珺、张灼华、招明高、赵春杰、镇学初、钟春玖、周嘉伟、周永迪、朱剑虹

副秘书长：韩　雪

第六届理事会（2015 年—2019 年）

理 事 长：段树民

副理事长：陈生弟、高天明、何士刚、王以政、谢俊霞、徐如祥、于常海、张　旭、张玉秋

秘 书 长：何　成

常务理事：毕国强、陈　军、陈生弟、陈应城、段树民、范　明、方　方、高天明、何　成、何士刚、吉永华、姜玉武、黎明涛、李　武、李葆明、李凌江、李云庆、刘　力、罗敏敏、马　兰、毛　颖、阮怀珍、唐北沙、万　有、王晓民、王以政、吴志英、谢　维、谢俊霞、熊志奇、徐富强、徐广银、徐如祥、徐天乐、于常海、张　旭、张海林、张玉秋、赵　华、郑　平、钟　毅、钟春玖

理　　事：鲍　岚、蔡申瓯、陈　蕾、陈　林、陈　忠、陈立华、崔然吉、丁　斐、丁　罡、丁玉强、杜久林、杜肖娜、方贻儒、费　舟、冯志伟、管吉松、郭洪波、洪　涛、侯一平、胡海岚、胡志安、黄志力、贾宜昌、姜　宏、蒋春雷、蒋田仔、李　涛、李晓明、梁培基、梁尚栋、林龙年、刘　娟、刘先国、陆　巍、罗　层、罗跃嘉、罗振革、吕海侠、马全红、彭聿平、祁金顺、邱德来、邱猛生、申　勇、施　静、施福东、舒友生、束晓梅、孙　涛、孙坚原、孙长凯、汪　凯、王光辉、王广友、王建枝、王立平、王铭维、王　伟、王业忠、王永刚、王　韵、翁旭初、吴冈义、吴日乐、夏　军、肖　波、熊　鹰、徐　林、徐志卿、许华曦、薛一雪、杨伯宁、杨振纲、袁增强、张　岱、张　愚、张亚卓、

张永清、张志珺、张灼华、招明高、赵冰樵、赵春杰、赵靖平、赵秀丽、镇学初、周嘉伟、周永迪、朱剑虹、朱景宁、朱玲玲、朱筱娟

副秘书长：韩　雪

第七届理事会功能型党委会（2019 年—2023 年）

党 委 书 记：张　旭

党委副书记：张玉秋

委　　　员：万　有、吴志英、谢俊霞

第七届理事会（2019 年—2023 年）

理 事 长：张　旭

副理事长：高天明、何　成、何士刚、罗敏敏、王以政、吴志英、谢俊霞、徐广银、张玉秋

常务理事：毕国强、陈　军、陈　忠、杜久林、方　方、方贻儒、高天明、何　成、何士刚、胡海岚、胡志安、蒋田仔、李　武、李葆明、林龙年、刘　力、罗敏敏、马　兰、毛　颖、邱德来、万　有、王　韵、王立平、王以政、吴志英、夏　军、谢　维、谢俊霞、熊志奇、徐富强、徐广银、徐天乐、徐志卿、薛一雪、杨振纲、张　旭、张海林、张玉秋、张志珺、张灼华、钟　毅、钟春玖、周嘉伟

理　　事：鲍　岚、毕彦超、陈　罡、陈　蕾、陈　林、陈安涛、陈立华、陈晓钎、陈哲宇、崔然吉、丁　斐、丁　罡、丁健青、丁玉强、杜肖娜、范静怡、高永静、管吉松、郭洪波、韩俊海、郝峻巍、洪　涛、黄志力、霍福权、贾怡昌、江　泓、江　涛、姜　宏、焦建伟、康德智、雷　鹏、李　韶、李澄宇、李桂林、李卫东、

李晓明、刘　娟、刘　妍、鲁友明、陆　巍、路中华、罗本燕、罗　层、罗振革、吕海侠、马海林、马坚妹、马全红、彭代辉、仇子龙、沈　颖、施路平、舒友生、宋学军、孙坚原、孙素真、孙晓川、谭国鹤、陶　虎、万新华、汪　凯、王光辉、王广友、王海峰、王　俊、王小平、王晓群、王英伟、王永刚、王占友、吴　思、吴冈义、吴海涛、吴日乐、吴世政、伍国锋、武胜昔、夏　昆、肖　波、熊　鹰、徐　林、许继田、薛　天、杨　巍、杨新玲、易西南、岳伟华、张　晨、张　宇、张胜祥、张晓林、招明高、赵冰樵、郑加麟、周煜东、朱景宁、朱玲玲、朱筱娟、朱心红

秘 书 长：韩　雪

第一届监事会（2019 年—2023 年）

监 事 长：段树民

监　　事：陈生弟、徐如祥、于常海

第八届理事会功能型党委会（2023 年—2028 年）

党 委 书 记：张　旭

党委副书记：徐天乐

委　　　员：方　方、吴志英、谢俊霞

第八届理事会（2023 年—2028 年）

理 事 长：张　旭

副理事长：杜久林、方　方、何　成、罗敏敏、马　兰、王立平、吴志英、徐广银、徐天乐、徐志卿

常务理事：鲍　岚、毕国强、陈　忠、杜久林、方　方、方贻儒、高永静、

郭洪波、韩俊海、何　成、胡海岚、胡志安、姜　宏、雷　鹏、李勃兴、李晓明、李毓龙、林龙年、罗敏敏、罗振革、马　兰、毛　颖、邱德来、施路平、时松海、舒友生、宋伟宏、王　韵、王立平、王小平、王晓群、吴海涛、吴志英、武胜昔、夏　军、熊志奇、徐广银、徐天乐、徐志卿、薛　天、杨振纲、张　旭、张志珺、钟春玖、朱景宁、朱铃强

理　　事：毕彦超、曹　雄、陈安涛、陈　罡、陈华富、陈立华、陈永昌、丁健青、范静怡、戈鹉平、顾　平、管吉松、韩　峰、郝峻巍、何　苗、何　生、贺菊方、黄智慧、霍福权、贾怡昌、焦建伟、金清华、康德智、李昌林、李澄宇、李　明、李　韶、李　涛、李卫东、刘　娟、刘　妍、刘艺鸣、路中华、罗　层、吕万革、马海林、马　欢、马坚妹、马秋富、马全红、马泽刚、潘秉兴、潘速跃、仇子龙、彭代辉、沈　璐、沈　颖、史怀璋、宋学军、孙晓川、谭国鹤、唐亚梅、陶　虎、田　波、王光辉、王海峰、王菁华、王　俊、王　升、王守岩、王晓东、王延江、王英伟、王永刚、王占友、王佐仁、吴日乐、吴　思、吴学奎、伍国锋、武美娜、夏　昆、肖百龙、肖　乐、杨建军、杨　倩、杨　巍、尧德中、伊　鸣、尤永平、禹永春、袁　振、张　晨、张胜祥、张云武、张　智、章晓辉、赵　蓉、郑加麟、周煜东、朱筱娟、朱心红、朱英杰

秘 书 长：韩　雪

第二届监事会（2023 年—2028 年）

监 事 长：王以政

副监事长：谢俊霞

监　　事：陈生弟、高天明、张玉秋

2. 工作委员会

（1）组织工作委员会

历任主委及任期：

1995 年—1999 年：胡国渊

1999 年—2003 年：范　明、胡国渊

2003 年—2008 年：吉永华

2008 年—2012 年：王晓民

2012 年—2020 年：于常海

2020 年至今：何　成

（2）学术工作委员会

历任主委及任期：

1995 年—1999 年：陈宜张

1999 年—2003 年：韩济生、赵志奇

2003 年—2008 年：赵志奇

2008 年—2016 年：何士刚

2016 年—2020 年：何　成

2020 年—2024 年：高天明

2024 年至今：杜久林、方　方

（3）教育工作委员会（2008 年更名为“教育与继续教育工作委员会”）

历任主委及任期：

1995 年—2008 年：寿天德

2008 年—2012 年：王建军

2012 年—2020 年：郑　平

（4）科普工作委员会

历任主委及任期：

1995 年—1999 年：翁恩琪

1999 年—2003 年：翁恩琪、周江宁

2003 年—2008 年：陈　军

2008 年—2012 年：孙凤艳

2012 年—2020 年：范　明

2020 年—2024 年：谢俊霞

2024 年至今：徐广银

注：2020 年由科普工作委员会和教育与继续教育工作委员会合并为科普与继续教育工作委员会。

（5）青年工作委员会

历任主委及任期：

1999 年—2012 年：徐天乐

2012 年—2016 年：姜玉武

2016 年—2020 年：熊志奇

2020 年至今：吴志英

（6）国际交流工作委员会

历任主委及任期：

2020 年至今：罗敏敏

（7）奖励工作委员会

历任主委及任期：

2022 年—2024 年：王以政

2024 年至今：马　兰

（8）科技协作创新工作委员会（2023 年更名为“科技转化与创新工作委员会”）

历任主委及任期：

2022 年—2024 年：何士刚

2024 年至今：王立平

（9）对外联系宣传工作委员会

历任主委及任期：

2022 年—2024 年：徐广银

2024 年至今：徐志卿

3. 曾设专业委员会或分会

神经生理专业委员会

历任主委及任期：

1995 年—1999 年：李朝义

1999 年—2008 年：何士刚

神经解剖专业委员会

历任主委及任期：

1995 年—1999 年：朱长庚

1999 年—2003 年：朱长庚、李云庆

2003 年—2008 年：李云庆

神经药理专业委员会

历任主委及任期：

1995 年—1999 年：金国章

1999 年—2003 年：孙凤艳、王晓良

2003 年—2008 年：王晓良

神经化学专业委员会

历任主委及任期：

1995 年—1999 年：王　尧

1999 年—2003 年：王　尧、景乃禾

2003 年—2008 年：景乃禾

分子神经生物学专业委员会

历任主委及任期：

1995 年—1999 年：范　明

1999 年—2003 年：马　兰、何　成

2003 年—2008 年：何　成

神经免疫专业委员会

历任主委及任期：

1995 年—1999 年：范少光

1999 年—2003 年：李晓玉

2003 年—2008 年：王　宪

计算神经科学专业委员会（1999 年更名为“计算神经科学和神经工程专业委员会”）

历任主委及任期：

1995 年—1999 年：汪云九

1999 年—2003 年：蓝　宁

2003 年—2008 年：唐孝威

精神神经专业委员会

历任主委及任期：

1995 年—1999 年：严和骎

1999 年—2003 年：李凌江、江开达

2003 年—2008 年：江开达

神经病学专业委员会

历任主委及任期：

1995 年—1999 年：陆雪芬

1999 年—2003 年：蒋雨平

2003 年—2008 年：陈生弟

神经内分泌专业委员会

历任主委及任期：

1995 年—1999 年：鞠　躬

1999 年—2003 年：谢俊霞

2003 年—2008 年：张　旭

神经外科专业委员会

历任主委及任期：

1995 年—1999 年：江澄川

1999 年—2003 年：周良辅

2003 年—2008 年：赵继宗

神经发育专业委员会

历任主委及任期：

1995 年—1999 年：周长福

1999 年—2003 年：周嘉伟

2003 年—2008 年：周江宁

神经心理学专业委员会

历任主委及任期：

1995 年—1999 年：管林初

1999 年—2003 年：林文娟、李葆明

2003 年—2008 年：陈　霖

神经影像学分会

历任主委及任期：

2015 年—2020 年：翁旭初

2020 年—2023 年：方　方

4. 现设分会

（1）神经胶质细胞分会

历任主委及任期：

2008 年—2012 年：段树民

2012 年—2016 年：何　成

2016 年—2020 年：周嘉伟

2020 年至今：王光辉

简介：现有分会委员 61 人，覆盖了胶质细胞临床和基础研究工作者。分会从 2017 年开始举办“神经胶质细胞分会年会”，先后在南通、重庆、苏州举办。会议聚焦胶质细胞前沿，开辟了“青年学者论坛”板块，为国内外从事胶质细胞研究的青年学者提供展示交流平台。分会聚焦神经系统中数量和种类最多的细胞类型——胶质细胞，秉承“团结合作、共同进步”的宗旨，致力于为胶质细胞研究提供交流和合作平台，积极推动神经胶质细胞相关的科普工作，推荐胶质细胞领域的优秀青年人才。在 2017 年和 2021 年的中国神经科学学会分会评估中获评优秀分会。

（2）神经干细胞和组织工程分会

历任主委及任期：

2008 年—2016 年：李云庆

2016 年—2024 年：杨振纲

2024 年至今：时松海

简介：分会现有 17 名委员，积极服务国家科技创新发展战略，培育和推举优秀科技人才，定期开展各类学术、培训和科普活动。分会每年主办全国性年会，共同交流本领域的前沿技术、最新成果和重大进展，探讨未来发展趋势和关键科学问题。2024 年 10 月 18—21 日，分会与“神经发育与再生分会”联合主办“2024 年神经发育与脑疾病国际峰会暨中国神经科学学会神经干细胞和组织工程分会、神经发育与再生分会联合学术年会”，打造国际性品牌会议，促进神经发育与脑疾病领域国内外交流与合作。分会还开展了“神经干细胞暑期学习班”等技术培训活动，“播脑科学种子，育祖国新苗”“干细胞训练营”等中小学生科普活动，“红船精神”学习等党建活动。在未来的工作中，分会将继续组织和开展丰富多样的学术与公益活动，为服务国家发展战略、促进本领域科研进展、培养拔尖创新人才、提升社会科学素养做出努力和贡献。

（3）离子通道与受体分会

历任主委及任期：

2008 年—2012 年：吉永华

2012 年—2020 年：徐天乐

2020 年至今：杨　巍

微信公众号：离子通道研究进展

简介：分会现有 69 名委员，长期致力于组织学术活动，为提升我国离子通道与受体研究水平、发展我国的神经科学事业积极贡献。分会委员获得了科学探索奖、谈家桢生命科学创新奖等各类重大奖项 13 人次。由分会发起、每两年分别举办一次的国际离子通道会议已经成为离子通道领域的品牌会议。分会每两年举办一次离子通道青年学者学术论坛，汇集我国离子通道研究的最新进展，为青年学者搭建了学术交流和科研合作的平台。面向未来，分会将进一步规范制度、培养人才、团结发声，为分会成员的发展和国家战略服务。在 2017 年和 2024 年的中国神经科学学会分会评估中获评优秀分会。

（4）突触与神经可塑性分会

历任主委及任期：

2008 年—2016 年：高天明

2016 年—2024 年：毕国强

2024 年至今：章晓辉

微信公众号：突触与可塑性研究

简介：分会现有 41 名委员，旨在聚焦神经突触与神经可塑性领域国际前沿动态，开展国际化学术交流，增强国内外同行间的交流与合作，促进突触传递、神经可塑性及相关神经精神类疾病的基础研究与转化，并推动与引领相关研究技术方法的创新发展与应用。同时，通过举办生物成像或电生理培训班、科普活动等，加强对青年人才的教育。分会积极开展脑科学科普教育进中学课堂；分会还开展了面向不同人才梯度的品牌特色活动：两年一次的中国神经科学学术年会神经突触专题研讨会，会议规模四五百人；两年一次的神经突触国际研讨会暨分会学术年会，报告人为邀请与自由申请结合，近一半报告人为海外知名学者；面向青年和学生，分会开展青年学者论坛以及前沿生物显微成像技术研讨会与培训班。分会历年开展的活动还有：突触专题研讨会、国际突触传递与可塑性研讨会、合肥脑论坛：显微成像照亮大脑、冷泉港亚洲会议：活细胞与生物体的光学成像前沿、前沿生物显微成像技术研讨会暨培训班。

（5）感觉和运动分会

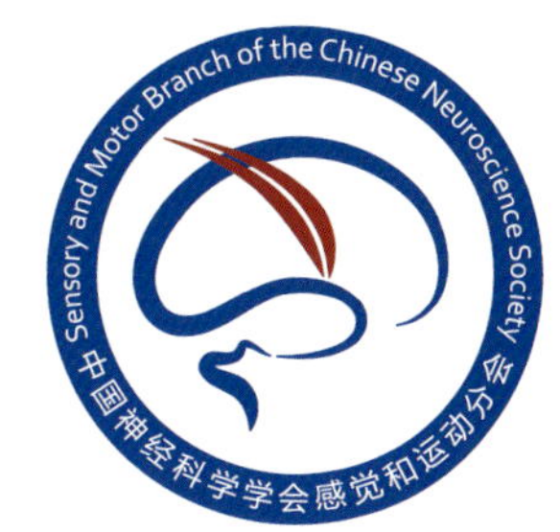

历任主委及任期：

2008 年—2012 年：陈　军

2012 年—2020 年：张玉秋

2020 年—2024 年：徐广银

2024 年至今：高永静

简介：分会现有 77 名委员，聚焦痛觉、痒觉、视觉、听觉与运动领域的科技与健康问题，着力推进相关科研成果的转化与科学普及。分会每年打造综合性学术年会，为全国神经科学工作者提供务实、高效的学术交流与合作平台。分会还不定期举办专题学术论坛，已成功举办“感觉和行为”前沿学术论坛、“疼痛与精神疾病”专题研讨会、“疼痛、感觉、运动基础研究与转化”专题研讨会、“神经科学及疼痛研究”国际研讨会、“视觉修复和编码”专题研讨会等。分会高度重视青年科研人才培养，常态化开展研究方法与技能培训工作。分会依托委员单位复旦大学脑科学研究院和中西医结合学系定期举办的“疼痛研究技术方法培训班”受到广大青年科研人员的追捧，学位名额供不应求。在 2017 年和 2024 年的中国神经科学学会分会评估中获评优秀分会。

（6）神经发育与再生分会

历任主委及任期：

2008 年—2012 年：何　成

2012 年—2016 年：顾晓松

2016 年—2024 年：罗振革

2024 年至今：吴海涛

简介：分会现有 53 名委员，特色活动包括“全国神经发育与再生前沿论坛”，是分享最新研究成果的高端学术平台，定期举办“全国神经发育与再生前沿技术青年研习班”，筑牢后备青年科研人才的技术根基，推动神经发育与再生领域的不断进步。分会成员在神经发育分子机制、神经退行性疾病早期诊断与治疗，以及神经损伤与再生修复等领域均取得了一系列有重要影响力的原创性研究成果，这些成果不仅提升了分会的学术影响力，也为相关疾病的临床治疗提供了新的策略。分会致力于提高公众对神经科学的认识，普及神经健康知识，通过组织各类公益和科普宣传活动，促进社会和青少年学生对神经科学领域的关注和兴趣。在 2017 年和 2024 年的中国神经科学学会分会评估中获评优秀分会。

（7）神经内稳态和内分泌分会

历任主委及任期：

2008 年—2016 年：谢俊霞

2016 年—2020 年：徐广银

2020 年至今：李　韶

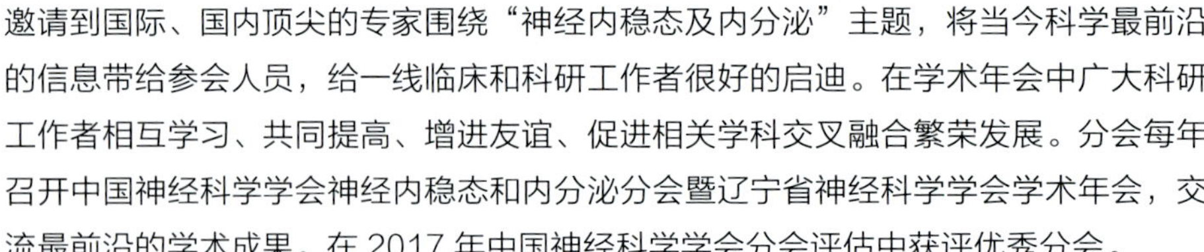

简介：分会现有 32 名委员，为提高科研水平，促进相关研究的发展和人才培养，每年的学术年会都会邀请到国际、国内顶尖的专家围绕“神经内稳态及内分泌”主题，将当今科学最前沿的信息带给参会人员，给一线临床和科研工作者很好的启迪。在学术年会中广大科研工作者相互学习、共同提高、增进友谊、促进相关学科交叉融合繁荣发展。分会每年召开中国神经科学学会神经内稳态和内分泌分会暨辽宁省神经科学学会学术年会，交流最前沿的学术成果。在 2017 年中国神经科学学会分会评估中获评优秀分会。

（8）认知神经生物学分会

历任主委及任期：

2008 年—2016 年：周江宁

2016 年—2024 年：李　武

2024 年至今：毕彦超

简介：分会现有 29 名委员，致力于采用多层次、多模态技术手段，以人脑或动物脑为研究对象，理解大脑认知和情绪、社会性加工原理，阐明其发生、发展变化的规律，服务国家教育质量提升、心理健康促进等重大需求。分会强调神经与认知研究的交叉，聚焦认知学习、认知决策以及社会认知等主题。近年来分会召开了多次国际会议，如 2022 年计算精神病学国际研讨会、第五届人类脑智发展国际会议、国际近红外光谱脑功能成像网络会议等，提供了重要的学术交流平台。分会每年还组织认知神经研究的多项培训，连续多年举办面向中小学生的脑科学科普活动，如“种下脑科学的种子”活动，通过一系列科普教育活动，普及脑科学知识，激发青少年对科学的热爱。

（9）神经科学研究技术分会

历任主委及任期：

2008 年—2016 年：翁旭初

2016 年—2024 年：王立平

2024 年至今：李毓龙

简介：分会现有 46 名委员，旨在跟踪世界神经科学发展前沿动态，推动神经科学研究技术的创新与发展，提高我国神经科学领域的国际竞争力。通过举办国际水平的研讨会，为神经科学研究者提供学术交流与合作的平台。分会致力于开展神经科学领域的学术交流和培训活动，培养神经科学专业人才，为我国神经科学事业的可持续发展奠定基础。自 2020 年起，技术分会共举办了两次学术年会和两次技术培训班、四次产业大会、一次脑科学与脑技术创新大赛，活跃的氛围和国际化的视野，使得技术分会在过去的几年中发展成为神经科学研究技术的重要交流平台。分会未来发展将聚焦学术和国际交流、产学融合、科普、培训四个主要方面开展，以促进国际、国内神经科学研究技术和问题的高效结合为目标，充分促进新技术和新成果的产业转化，并以科普和培训的形式培养新一代全面型研究人才。在 2024 年中国神经科学学会分会评估中获评优秀分会。

（10）计算神经科学和神经工程分会

历任主委及任期：

2008 年—2012 年：梁培基

2012 年—2016 年：蔡申瓯

2016 年至今：吴　思

简介：分会现有委员 27 人，致力于推动计算神经科学和神经工程领域的研究与发展。分会的宗旨是通过开展学术交流、普及科学知识、培养人才，以及推动科技创新，为我国的神经科学研究贡献力量。分会定期举办一系列丰富多彩的品牌活动，其中最具代表性的包括：中国计算与认知神经科学会议、冷泉港 - 亚洲计算与认知神经科学暑期学校、上海交通大学计算神经科学冬季班、神经计算建模与编程培训班、专题论坛及科普活动。分会推出了第一本在计算认知神经科学领域的中文教材《神经计算建模入门》，受到了广泛好评。

（11）精神病学基础与临床分会

历任主委及任期：

2008 年—2012 年：江开达

2012 年—2016 年：李凌江

2016 年—2020 年：方贻儒

2020 年—2024 年：王小平

2024 年至今：彭代辉

简介：分会现有 68 名委员，打造了多个学会品牌项目，每年一度的学术年会紧扣精神神经领域国际新进展，在多学科交叉领域多向发力，推出了精神分裂症论坛、双相障碍论坛、抑郁障碍论坛、精神病学与神经科学对话论坛、强迫障碍论坛、睡眠障碍论坛、博士论坛、孤独症论坛、青年科学家论坛、物质依赖与成瘾论坛、精神司法论坛等学术交流平台，旨在“聚焦前沿、自由探索”；中国情感障碍大会、湘雅国际精神医学论坛、“欣中心”全国抑郁焦虑诊疗系列教学项目、“赛过阳光”心境障碍学术能力提升项目等活动，旨在促进精神医学和神经科学领域的新进展向临床实践转化，提升中青年医师的诊疗水平，从而“以人为本、服务临床”。在 2017 年、2021 年、2024 年中国神经科学学会分会评估中获评优秀分会。

（12）神经病学基础与临床分会

历任主委及任期：

2008 年—2016 年：陈生弟

2016 年—2024 年：吴志英

2024 年至今：沈　颖

简介：分会现有 32 名委员，充分发挥临床资源与基础研究相结合的优势，促进多方位、多模式的交流合作，促进基础研究向临床应用转化。在开展学术交流、科普教育、临床义诊等方面做了大量工作，对推动神经科学的发展发挥了积极作用。另外，该分会特别注重培养发展新人，大力吸收优秀青年学者入会并担任分会委员，为青年学者搭建多渠道的交流合作平台。分会与神经科学学会青年工作委员会、神经科学学会科普与继续教育工作委员会合作在绵阳举行了神经科学学会西部行公益活动。同时举行了西部行公益义诊活动，国内知名神经系统罕见病专家吴志英教授、苏州大学毛成洁副教授等为现场近二百名罕见病患者及神经性疾病患者进行细致问诊、查诊，从专业的角度给予群众健康指导。

（13）神经外科学基础与临床分会

历任主委及任期：

2008 年—2016 年：赵继宗

2016 年至今：毛　颖

简介：分会现有 94 名委员，分会委员以及青年委员超过 90% 为神经外科医生，体现了分会立足的根本，是基于临床，但每年分会年会以及主题学术活动邀请的讲者几乎都是神经外科医生，阐明了我们在神经外科领域孕育神经科学思想发展、培育临床神经科学家的鲜明学术特色。遵循这一传统，分会举办了一系列特色活动，例如中外院士交流碰撞的“Brain Talk”“数智未来、聚放神采”医疗科技创新挑战赛，以及跨界融合的特色学术项目“体育与大脑”“音乐与大脑”“美食与大脑”，吸引了大批专业和社会人士参与。同时，分会还搭建了多学科融合的国际化学术交流平台，成立“上合组织医院合作联盟神经疾病专科合作平台”“上海市脑电数据联盟”，号召不同领域学者共同参与脑疾病诊疗的探索。分会负责编撰 2016 年《神经外科学学科发展报告》，赵继宗院士、周良辅院士和周定标教授担任首席科学家。主要介绍了国内外神经外科学发展历史及十个神经外科专题报告，包括专题的标志性成果和短时间内可能取得重大突破的创新研究方向，如三维打印技术、脑机接口、大数据在神经系统疾病研究应用等。

（14）神经损伤与修复分会

历任主委及任期：

2011 年—2020 年：徐如祥

2020 年—2024 年：陈立华

2024 年至今：王海峰

微信众公号：脑科俱乐部（naokejulebu）

简介：分会现有 77 名委员，旨在促进神经损伤与修复领域的基础研究、临床诊疗、技术创新及成果转化，推动国内外学术交流与合作，提升我国神经损伤与修复研究的整体水平与国际影响力。分会开展了多种学术活动，包括年度学术会议、专题研讨会、青年学者论坛、继续教育项目、科研成果转化等。分会成立以来举办了十一次中国神经科学学会神经损伤与修复分会全国年会；举办了七次意识障碍高端论坛；举办了四次举办神经显微解剖学习班；举办了两次微意识外科治疗学习班等。分会将秉承“团结、协作、创新、发展”的精神，深化基础研究，加快技术创新，推动临床应用，加强国际合作，为我国乃至全球神经损伤与修复领域的发展贡献智慧和力量。在 2017 年中国神经科学学会分会评估中获评优秀分会。

（15）神经肿瘤分会

历任主委及任期：

2015 年—2020 年：张亚卓

2020 年—2024 年：江　涛

2024 年至今：尤永平

简介：分会现有 88 名委员，积极推动神经肿瘤研究领域基础与临床相结合、医工交叉、促进转化，加强学术交流、学术推广、患教科普。分会学术年会已成为国内神经肿瘤领域的重要交流平台。分会发布一系列神经肿瘤尤其是胶质瘤诊疗领域的临床指南、专家共识，如《脑胶质瘤诊疗指南（2022 年版）》等。未来，神经肿瘤分会将进一步注重青年人才培养，推动原创性研究突破，打造国际品牌会议，提升神经肿瘤国际影响力。

（16）儿童认知与脑功能障碍分会

历任主委及任期：

2016 年—2024 年：谢　维

2024 年至今：夏　昆

简介：分会现有 44 名委员，旨在通过开展高水平的学术研究、临床实践和交流合作，促进我国儿童认知与脑功能障碍的基础和临床应用研究，推动我国在该领域的发展。分会致力于汇聚国内外优秀的专家学者，促进多学科交叉融合，推动创新研究，最终改善儿童认知与脑功能障碍的诊断、治疗和康复。分会专注于孤独症、智力障碍、注意力缺陷多动障碍等神经发育障碍的研究，致力于揭示这些障碍的病因机制，开发创新的诊疗方法，提升我国在该领域的国际竞争力。分会自成立以来，主要依托分会学术年会、南京“脑 - 智”国际研讨会等学术交流平台，已成功举办了多届儿童认知与脑功能障碍高峰论坛。论坛汇聚了国内外顶尖的从事儿童发育行为学、神经科学和遗传学专家，分享最新的研究成果，探讨学术前沿问题，推动临床研究与基础科学的结合。

（17）应激神经生物学分会

历任主委及任期：

2016 年—2024 年：徐志卿

2024 年至今：潘秉兴

微信公众号：应激与大脑

简介：分会现有 54 名委员，以健康中国，解“压”前行为宗旨。目前已经打造了广受好评的“应激与大脑”品牌会议，并拓展与上海、北京等地方神经科学学会开展特色会议，如京津冀、情感与动机论坛。与清华大学出版社合作创办了 *Stress and Brain* 英文刊物，2021 年已上线。利用自身专业背景积极参与政策建议，如分会委员在浙江省政协十三届一次会议第 158 号提案中提出儿童青少年抑郁症防治建议，被浙江省教育厅采纳；提出的“需注意‘双减’背景下中小学教师的心理健康风险”，被评为 2023 年民进中央参政议政优秀成果奖一等奖。创办应激与大脑公众号，参与关爱抑郁症公益视频拍摄，以及服务于全国各地基层社区、学校、机关、网络的各类科普讲座。在 2017 年中国神经科学学会分会评估中获评优秀分会。

（18）神经退行性疾病分会

历任主委及任期：

2016 年—2020 年：陈生弟

2020 年—2024 年：周嘉伟

2024 年至今：郑加麟

简介：分会现有 88 名委员，以学术交流为主题，旨在促进多学科的交叉与融合，增进基础与临床的碰撞与交流。分会先后举办了多场国内外学术交流会议，包括每年举办的中国神经科学学会神经退行性疾病分会年会、长三角神经调控临床应用论坛、帕金森病论坛、中国阿尔茨海默病报告论坛等大型学术会议，以及开展国家级阿尔茨海默病及相关认知障碍临床诊治新进展学习班等国家级继续教育项目。在学术传播与辐射方面，分会创会主委陈生弟教授主编的学术期刊《转化神经变性病》（*Translational Neurodegeneration*）被 SCI 收录。分会在每年世界阿尔茨海默病日、世界帕金森病日等神经退行性疾病主题日期间坚持开展科普教育和义诊活动，积极服务社会。自分会创办以来，在神经科学学会总会开展的历次评估工作中，2017 年、2021 年、2024 年中国神经科学学会分会评估中获评优秀分会。

（19）意识与意识障碍分会

历任主委及任期：

2017 年—2024 年：蒋田仔

2024 年至今：何江弘

简介：分会现有 43 名委员，覆盖了意识障碍临床和基础研究工作者。分会连续三年以主办全国意识障碍诊疗技术培训班（系列性）及“醒”之有效——意识障碍病例青年大赛（系列性）活动，通过举办系列活动促进学科深入发展、提高临床诊疗水平及增强国内学术交流。2022 年举办了 ERP 在意识障碍及相关疾病应用线上研讨会、重度神经功能障碍神经病理性疼痛相关问题线上研讨会，两次国际交流会议促进了不同国家和地区之间的学术交流与合作，共同推动了意识与意识障碍领域的研究进展。特色活动：每年 3 月 22 日“世界昏迷日（WORLD COMA DAY）”公益活动。展望未来，分会将秉持开放、合作、创新的精神，不断深耕意识障碍领域。

（20）麻醉与脑功能分会

历任主委及任期：

2019 年—2024 年：杜久林

2024 年至今：王英伟

简介：分会现有 124 名委员，以“促进麻醉学与神经科学的交叉，基础与临床的融合”为宗旨，以“培养国际水平的青年学者”为目标。分会每年定期举办中国神经科学学会麻醉与脑功能分会（CNSA）年会，积极开展各类麻醉与脑功能相关主题专题研讨会、青委论坛等特色会议，邀请众多麻醉学与神经科学领域的知名教授和学者做精彩学术报告，同时也邀请分会青年委员汇报最新的研究进展，吸引了数万名业界同人参会交流，为促进麻醉学与神经科学的交叉融合，加强两个领域专家学者的多层次交流与深度合作提供了一个良好的平台与沟通渠道。

（21）学习记忆基础与临床分会

历任主委及任期：

2019 年—2024 年：钟　毅

2024 年至今：李卫东

简介：分会现有 33 名委员，已连续四年举办分会学术年会，涵盖学习记忆领域的最新研究成果、前沿技术以及未来发展方向等方面的深入研讨。此外分会还开展了很多特色活动，特别是对青年科学家的培养，包括神经信号采集处理与调控技术培训班、青年科学家论坛、快闪论坛。分会联合主办了十二期心理与脑交通论坛，通过线下线上结合及联合直播平台，向广大民众传播心理学脑科学知识，助力民众应对疫情带来的巨大心理问题。2023 年年会与国际著名的“分子与细胞认知学会亚洲分会”年会联合举行，海外三名院士、国内两名院士等一批杰出科学家与领域内学者学子开展学术交流，促进了学术思想的碰撞和前沿进展的分享。

（22）神经毒素分会

历任主委及任期：

2019 年—2020 年：郑　平

2020 年—2024 年：丁玉强

2024 年至今：靳令经

简介：分会现有 88 名委员，办会宗旨是：博采众长，兼容并蓄，搭建神经毒素基础研究、转化研究、应用技术开发及相关疾病研究的平台；培养具有基础转化研究及临床应用能力的人才梯队。分会每年召开神经科学、运动障碍及肉毒毒素相关的专题会议、论坛等，其中中国肉毒毒素论坛是国内神经毒素界最广泛和最权威的学术会议，汇聚国内外神经毒素研究及应用领域人员进行交流。另外，一年一度的肉毒毒素大赛，旨在全国范围内培养科学肉毒毒素的青年医师，目前辐射范围已拓展到康复、疼痛、泌尿、耳鼻喉、外科等领域，惠及更多患者。分会主编参编指南共识、专业书籍、实践操作指导等，开展多项高质量多中心临床研究，获批国家重点研发计划及国自然重点项目等国家级项目，举办学术会议论坛多次，线下参会超五千人次，线上参会上万人次。

（23）神经免疫学分会

历任主委及任期：

2021 年至今：郝峻巍

简介：分会现有 54 名委员，由我国神经免疫学领域有造诣的科研、教学、医院等单位从事神经免疫学工作的科技工作者组成，以团结全国神经免疫学领域工作者，积极开展学术活动，普及神经免疫学领域技术知识，为繁荣发展我国的神经免疫学领域做贡献为宗旨。分会的品牌活动是每季度开展的神经免疫学分会系列会议，该活动受到全国神经内科及相关领域专家的积极参与，为各位神经免疫领域的基础和临床工作者提供更多学术及前沿创新的支持。未来工作展望包括推动分会人员的科研合作、科普知识普及和促进学术成果的共享与转化等，分会将继续为我国神经科学事业的可持续发展提供重要交流平台。

（24）脑血管功能与疾病分会

历任主委及任期：

2022 年—2023 年：赵冰樵

2023 年至今：韩　峰

微信公众号：CNS 脑血管功能与疾病分会

简介：分会现有 46 名委员，致力于共同攻克脑疾病中神经血管单元中跨细胞通讯及其关键分子事件，以脑疾病神经环路及神经血管单元中的关键分子信号为“切入点”，运用多光子实时成像、光或化学遗传学结合钙成像、在体电生理、生物信息新药靶标筛选等新技术和新方法，以提出新理论，发现重要药物靶标与候选药物，为重大脑血管疾病的早期诊断和药物治疗提供解决方案，加快临床转化，促进我国医疗卫生和生物医药事业可持续发展。分会已开展了三届脑血管功能与疾病分会全国学术会议，每届举行若干次专题研讨会，每届参会人员五百人左右，有力地推动了我国脑血管基础和临床研究的发展和向国际地推广和延伸，同时为我国脑疾病研究领域的学者提供一个良好的交流平台，增进国内国际的基础研究和临床实践合作与学术交流。

（25）类脑智能分会

历任主委及任期：

2022年至今：施路平

微信公众号：CNS类脑智能分会

简介：分会现有33名委员，旨在坚持双脑融合驱动类脑智能的交叉研究范式，联合和团结国内在类脑计算、认知神经科学、计算神经科学、人工智能、智能系统等相关领域专家学者共同促进我国类脑智能研究与应用的发展。特色活动包括定期举办的博士生学术论坛、类脑智能系列科普讲座、类脑智能青年云端微培训和类脑智能青年视频微课程等形式多样的线上线下活动。在突破性工作上，分会参与了科技创新2030“脑科学与类脑研究”重大项目，该项目集合了十一家单位的力量，推动了类脑计算核心技术的应用落地，探索了可持续的颠覆性技术创新模式。分会高度重视类脑智能领域学科建设和人才培养工作，推动开展学术研究、技术交流、业务培训、知识普及等活动，已成为联系神经科学研究机构、智能科学研究机构和广大类脑智能科研工作者的重要桥梁和纽带。

（26）脑机接口与交互分会

历任主委及任期：

2022年至今：陶　虎

微信公众号：CNS脑机接口与交互分会

简介：分会现有17名委员，致力于促进科技成果的转化和落地，推动脑机接口技术在产学研各领域的深度融合，在国家层面重大项目的申报、指南建议等方面起到组织和规划的作用，促进神经科学领域人才队伍的培养，服务相关产业的发展。分会举办了多个重要会议，包括脑机接口与交互分会论坛、科创中国脑机接口产学融合会议，以及脑机接口产业路线图项目专家研讨会等十余场会议，会议汇聚了领域内顶尖科学家和企业家，为交流和合作搭建了平台。分会承担了中国科学技术协会中国脑机接口产业路线图项目，邀请了国内外知名专家参与书稿编制。分会全力打造“科普进校园”等一系列活动，在北京、上海、浙江等多所中学、大学进行了关于脑机接口领域的科普宣传讲座。脑机接口分会应邀参加了中央电视台、东方卫视等多家媒体的活动。包括非遗里的中国、东方时空等节目的录制，进一步推动了大众对该领域的关注与认知。在自媒体蓬勃发展的今天，分会组织拍摄了脑机接口科幻短片《记忆旅游》，在哔哩平台上线，播放量近五十万。

（27）神经调控基础与转化分会

历任主委及任期：

2024年至今：王守岩

微信公众号：神经调控基础与转化分会

简介：分会现有委员40名，旨在集聚多学科研究团队，促进多学科交叉融合创新，从新角度、多维度加速解决各类脑调控技术关键难题；加速建立智能化、个性化、精准化神经功能与感知觉神经调控体系，加速推动中枢－外周联合的多模态、跨时空神经调控理论发展；并通过加强神经伦理学研究推动跨学科合作与前沿技术在神经精神疾病等领域的转化应用；同时为跨学科人才培养和跨领域合作团队培育提供支撑，促使神经调控理论、方法与先进技术发展及其临床与产业转化。分会举办多项特色学术活动神经调控前沿交叉论坛、第六届神经科技创新论坛暨中国神经科学学会神经调控基础与转化分会成立大会、“乘风破浪，脑海驰骋”神经调控领域女科学家圆桌会议等。承担了脑机接口交叉学科发展研究项目。分会现有微信群、微信公众号等公众交流平台。分会配合持续性科普宣传活动，已经实现大众范围的神经调控宣传效果。

5. 上海卓越脑科学发展基金会理事会及监事会

第一届理事会（2016 年—2020 年）

理 事 长：何士刚

副理事长：徐天乐

秘 书 长：张玉秋

理　　事：陈生弟、丁　罡、顾晓松、罗建红、熊志奇、郑、平、钟春玖、周江宁

监　　事：段树民、张　旭

第二届理事会（2020 年—2025 年）

理 事 长：张玉秋

副理事长：徐天乐

秘 书 长：禹永春

理　　事：陈生弟、丁　罡、杜久林、方贻如、林龙年、熊志奇、郑　平、钟春玖

第三届理事会（2025 年—2030 年）

理 事 长：张玉秋

副理事长：丁　罡

秘 书 长：韩　雪

理　　事：陈安涛、陈跃军、仇子龙、管吉松、李澄宇、林龙年、彭代辉、禹永春

第一届监事会（2020 年—2025 年）

监 事 长：张　旭

监　　事：段树民、周嘉伟

第二届监事会（2025 年—2030 年）

监 事 长：张　旭

监　　事：陈生弟、钟春玖

6. 地方学会

（1）上海市神经科学学会 Shanghai Society for Neuroscience，SSN

微信公众号：上海市神经科学学会

学会是由陈宜张院士、吴建屏院士等神经科学领域的专家于 1986 年在上海发起成立。2011 年通过上海市科协星级学会评为三星学会，同年社团评估被民政局评为 3A。历任理事长分别为吴建屏院士，赵志奇教授，路长林教授，孙凤艳教授，张旭院士，学会现任理事长为徐天乐教授。现任第十届理事会有 45 位理事，下设 6 个工作委员会和 11 个专业分会。截至 2024 年底，个人会员 1000 余人，团体会员 7 个。

学会自成立以来，一直贯彻学术至上的原则。2005 年起，学会联合长三角其他地方学会或代表性单位举办“长三角地区神经科学家论坛”。会议一直以长三角地区神经科学的发展为宗旨，结合基础、临床、理工科和企业，不断促进产学研创新转化，也促成了浙江省神经科学学会和江苏省神经科学学会的成立。2022 年、2023 年该会议被选为中国科学技术协会“重要学术会议”。2021 年，学会为了培养青年人才和重视女性科学家，特成立了青年工作委员会和女科学家工作委员会。随之也发起了长三角神经科学青年论坛和长三角神经科学女科学家联谊会，连续举办了三年，获得了业界好评。开通学会官方微信，获得了多家媒体认可。2022 年学会联合上海图书馆举行“追问大脑”系列线下科普报告，目前已连续举办十五场；开创 Women Talk 和“Sport & Brain”系列科普报告，已连续开展三年共计四十期。获评中国科学技术协会全国科普日优秀活动，且被评 2023 年度、2024 年度中国科学技术协会科普优秀组织单位。

（2）北京神经科学学会
Beijing Society for Neuroscience，BJSN

微信公众号：北京神经科学学会

学会是由韩济生院士、薛启蓂教授等神经科学领域的专家于 1988 年在北京发起成立。2022 年社团评估被民政局评为 4A 社团。历任理事长分别为韩济生院士、范少光教授、王晓民教授、于常海教授、李锦教授，现任理事长为吉训明院士。学会有 45 个理事单位，下设 24 个专业委员会，二级专委会覆盖京津冀地区的 100 余个单位。学会 2022 年被评为“优秀集体”，入选北京市科协“首批特色一流创建学会”，成为首批线上科技工作者之家“入驻机构”。

学会重视青年人才培养与挖掘，每年开展北京市科协青年人才托举项目的遴选。除每年学术年会，各专业委员会也都举办不同主题的高峰论坛。孤独症专委会连续八年主办的北大医学孤独症国际论坛，入选“2020 北京市科协十佳影响力学术会议”，2022 年“十大科学传播品牌活动”。青年工作委员会连续四年举办京津冀青年神经科学家论坛。疼痛与感觉障碍专委会举办“头痛规范化诊断治疗学习班”系列活动，神经免疫专委会连续七年举办“北京神经免疫和相关疾病京津冀高峰论坛”。2022 北京脑科学国际学术大会，获得北京市科协“十佳影响力学术会议”。学会坚持开展面向社会的日常公益活动，其中，“科学健康人”健康讲座与义诊活动，受众群众达到五千余人；所举办的多期神经科学科普公益大讲堂直播活动，累计观看人次突破三百七十万，极大满足了各界群众需求。

（3）湖北省神经科学学会 Hubei Society for Neuroscience，HBSN

学会于 1987 年 4 月 21 日由同济医科大学艾民康教授、关新民教授和湖北医科大学张桂林教授、王亚威教授、臧德馨教授等武汉地区神经科学领域的专家、学者发起而正式成立。这是在中国率先成立的省级神经科学学会，当时学会名称为湖北省神经递质生物学学会。1991 年更名为湖北省神经科学学会，并于 1991 年 9 月 20 日由湖北省民政厅批准重新登记。历任理事长是艾民康教授、关新民教授、茹立强教授、施静教授，现任理事长是田波教授。学会办公地址位于武汉市航空路 13 号华中科技大学同济医学院神经生物学系。

按照中央和省委关于在社会组织中开展党组织组建工作的要求，本学会于 2016 年 11 月成立了湖北省神经科学学会党支部。本学会坚持学术活动和党建工作“两手抓、两手硬”的原则开展本学会的各项工作。学会目前有个人会员七百余人，第六届理事会理事共六十七人，覆盖湖北所有地市，并涵盖了神经科学几乎全部学科领域。多人在中国神经科学学会任理事。在理事会领导下，本学会已成立神经外科专业委员会、认知神经科学专业委员会、青年工作委员会等专业分会，更好地为广大会员服务。

（4）重庆市神经科学学会 Chongqing Society for Neuroscience，CQSN

学会是由重庆市科研、教学和医院等单位中的神经科学工作者组成的学术团体。1995年由神经生物学家蔡文琴教授、生理学家刘祚周教授发起成立，历任理事长蔡文琴教授、阮怀珍教授、冯华教授，现任理事长为胡志安教授。学会现有会员1300名，主要来自重庆大学、西南大学、重庆医科大学、陆军军医大学等高校，以及市、区、县医院等，涵盖基础医学、心理学、临床医学、人工智能等学科领域。

学会学术活动丰富多样。聚焦于市内，坚持每年主办一次重庆市神经科学年会。放眼于国际国内，主办承办国际脑与智能神经科学、川渝脑科学高端学术会议和脑科学高峰论坛等活动，主要邀请国内外顶尖神经科学领域的院士、专家参会报告，向会员及时传输神经科学进展。此外，学会还积极开展技术培训，参与新建市内高水平科研平台，如陆军军医大学的脑与智能研究院、重庆大学神经智能研究中心、重庆脑与智能科学中心、成渝地区双城经济圈脑与类脑科学实验室等，为人才培养和学术提升助力。

（5）安徽省神经科学学会 Anhui Society for Neuroscience，ASN

微信公众号：安徽省神经科学学会

学会于 1996 年 9 月 20 日在安徽省合肥市中国科学技术大学生命科学学院正式成立。学会首任理事长由中国科学技术大学寿天德教授担任，之后由中国科学技术大学阮迪云教授和周江宁教授分别担任第二届至第四届学会理事长。现任理事长为中国科学技术大学张智教授，副理事长 6 人，秘书长 1 人，常务理事 17 人，理事 50 人，监事 5 人。

学会自成立以来，秉承发挥省级学会的学术优势、多层次学术交流的办会原则，每两年召开一次全省神经科学学术年会，截至目前已经成功举办十三届；承办和协办长三角神经科学论坛及长三角神经科学青年论坛。学会联合中国科学技术大学、中国科学技术大学附属第一医院、安徽医科大学及其附属医院等多家单位，积极开展各类神经科学讲座和科普活动，连续十年承办中国科学技术大学显微摄影大赛（面向全国征集比赛作品），大力促进了神经科学领域的学术交流合作和激发公众对神经科学的兴趣和热爱。此外，学会连续多年在“世界疼痛日”前后举办了“关注疼痛，乐享健康”的公益品牌活动，通过举行疼痛阵痛科普教育讲座、社区爱心义诊等活动，帮助公众科学认识疼痛，乐享健康生活。

2022 年 9 月，学会换届后着力用于未来发展和科技创新进行了一系列举措，2023 年 12 月 17 日，安徽省神经科学学会神经解剖分会正式成立；2024 年 6 月，学会成立青年工作委员会，截至 2024 年，安徽省神经科学学会会员总数已经达到三百人。

（6）广东省神经科学学会 Guangdong Society for Neuroscience，GDSN

学会于 1999 年 1 月 27 日由南方医科大学苏斯云教授发起并成立，颜光美教授、刘先国教授将学会发展壮大起来，是一个具有独立法人资格的非营利性社会团体，接受广东省科协和广东省民政局双重管理。历任理事长是苏斯云教授、颜光美教授、刘先国教授，现任理事长是信文君教授。学会对加强广东省神经科学工作者的联系及国内外神经科学技术的交流，推动广东省神经科学的发展，起着十分重要的作用。

学会拥有多元的交流渠道。线上发布学会动态、研究成果以及举办学术论坛通知等信息，会员交流群方便成员随时交流探讨最新科研进展与遇到的问题。线下积极组织各类学术研讨会、专题讲座和学术年会，邀请国内外知名专家学者分享前沿成果，为会员提供面对面交流互动的机会，促进知识共享与合作。未来，学会将进一步拓展国际交流合作，推动广东神经科学领域与世界顶尖科研力量接轨，提升区域科研影响力。持续加强对青年科研人才的培养扶持，助力其成长与创新。同时，学会计划深化产学研融合，积极搭建科研成果转化平台，促进神经科学研究成果更快更好地应用于医疗、健康等相关产业，为推动广东省神经科学整体发展，改善民众健康福祉不懈努力。

（7）河北省神经科学学会 Hebei Society for Neuroscience, HSN

河北省神经科学学会于 2008 年 10 月在河北省石家庄市成立，是由河北省从事神经科学的基础与临床的科技工作者自愿组成的具有独立法人资格的学术性、非营利性社会组织。学会历任理事长分别为张海林教授（第一届、第二届），崔慧先教授（第三届），杜肖娜教授（第四届）。学会下设神经放射学分会、小儿神经病学分会、睡眠医学分会、神经退行性疾病分会、干细胞与再生医学分会等五个专业分会。学会为全面加强党的领导，设有功能性党支部，确保党的方针政策在学会工作中得到贯彻落实。同时，设立监事会，依据法律法规及学会章程，对学会各项工作进行监督。截至 2024 年，学会有理事 95 人，会员 700 余人。

学会自成立以来，连续举办神经科学学术年会，邀请全国众多专家学者共襄盛举，深入交流神经精神疾病基础与临床研究、脑与认知科学、人工智能应用、神经再生机制、新技术融合等前沿议题，为河北省神经科学发展注入强劲动力。除学术年会外，各专业分会精心打造多个特色品牌活动，涵盖高峰论坛及神经系统疾病诊疗学习班等，年均参与人数近万人，有力推动了河北省神经科学及相关领域进步，促进了神经疾病的基础研究、临床诊疗与学术交流，为“健康河北”建设添砖加瓦。学会积极投身科学普及工作，每年开展十余场科普活动，创办科普网站及公众号，覆盖受众数万人。同时，学会高度重视党建工作，深度融合党建与业务，精心组织党日活动，持续增强党员党性修养与组织凝聚力，以党建引领促业务提升，以业务成效强党建活力。

（8）江西省神经科学学会 Jiangxi Society for Neuroscience，JXSN

微信公众号：江西省神经科学学会

学会成立于 2010 年 5 月 30 日，是由全省神经科学领域基础与临床科技工作者自愿组成，并依法登记的学术性、公益性、非营利性的法人社会团体。历届理事长李葆明教授、祝新根教授。现任理事长为国家级人才潘秉兴教授，秘书长由国家级青年人才张文华教授担任。下设神经病学基础与临床专业委员会、儿童神经病学专业委员会和神经康复专业委员会三个分支机构。目前，学会拥有 575 名个人会员、81 名理事和 27 名常务理事，覆盖了江西省内大多数从事神经科学研究与实践的教学、科研及医疗单位。

十多年来，江西省神经科学学会积极举办多层次、多形式的学术活动，搭建了区域乃至全国性的学术交流平台。学会先后承办了多个重量级国际国内会议，包括：2013 年第十三次中国生物物理学术大会、2016 年第四届国际突触传递与可塑性学术研讨会、2018 年中国生理学会第二十五届全国会员代表大会暨生理学学术大会、2023 年中国神经科学学会应激神经生物学分会第四届“应激与大脑”高峰论坛。此外，学会还通过开展知识讲座、实验室开放日和“科学家进教室”等科普活动，让公众近距离了解科技前沿知识，深受社会好评。学会依托于南昌大学生物医学创新研究院脑科学与脑健康江西省重点实验室。在此平台支撑下，学会在神经科学领域取得了诸多创新性成果，并在基础研究和临床转化方面实现了新的突破。

（9）辽宁省神经科学学会
Liaoning Society for Neuroscience，LNSN

学会于2012年6月成立，由省内从事神经科学研究的单位和工作者自愿结成的非营利性社会组织，业务主管单位是辽宁省卫生健康委员会，登记管理机关是辽宁省民政厅。一直以来，学会都致力于辽宁省神经科学事业的进步与发展，辽宁省神经科学的领头人创建并壮大了辽宁省神经科学学会。学会引领神经科学工作者取得的神经科学领域的研究成果先后获得全国创新争先奖一项、辽宁省科技进步一等奖等多项奖励。学会从建立到现在，从最初的几十名会员，几个会员单位，发展到现在的230余名会员，十余个会员单位，学会队伍不断发展壮大。辽宁省神经科学学会五年一届，第一届理事长孙长凯教授，第二届至今薛一雪教授。从2014年开始，每两年召开一次学术研讨会，分别于2014年在锦州医科大学、2016年在东北大学、2018年在大连医科大学召开了第一届、第二届、第三届辽宁省神经科学学术研讨会，2020年和2022年以线上结合线下的形式召开了第四、五届学术研讨会，2024年在大连医科大学召开了第六届学术研讨会。学会以学术研讨会为学术交流的桥梁和载体，促进了基础神经科学与临床神经科学，以及不同学科间的沟通交流与思想碰撞，使辽宁省从事神经科学的科技人才不断成长和进步，涌出了一批在我国神经科学领域做出突出贡献的人才。2022年，辽宁省神经科学学会成立十周年，学会召开了辽宁省神经科学学会第三届第一次会员大会，圆满地完成了学会的换届工作。学会将一如既往地举办各种学术活动，注重引领基础与临床的神经科学的融合，促进辽宁省神经科学的繁荣发展。

（10）浙江省神经科学学会
Zhejiang Society for Neuroscience，ZJSN

微信公众号：浙江省神经科学学会

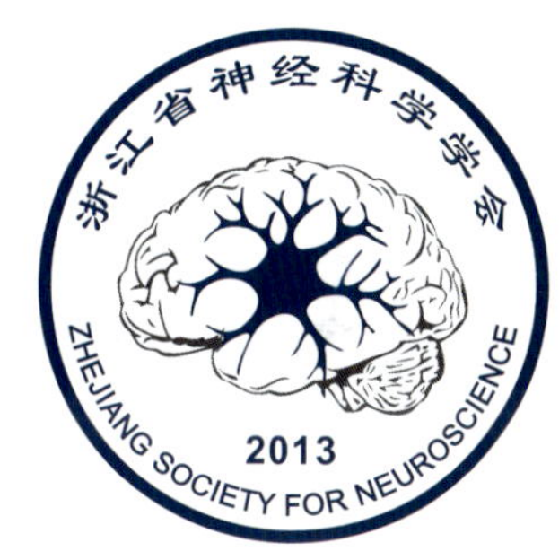

学会成立于 2013 年 9 月，一直以来秉承基础临床结合、广泛交叉合作的理念，积极发挥自身优势，团结神经科学相关的临床与基础科研工作者，大力促进学术交流，积极推动学科建设和发展，为浙江省神经科学的发展做出了积极贡献，为解决我省重大神经精神疾病提供了重要的科技人才支撑。学会历任理事长是浙江大学罗建红教授，现任的第三届理事会理事长由新基石研究员、浙江大学基础医学院院长徐浩新教授担任，共有理事 97 人，其中常务理事 28 人，正式会员 3000 余人。

学会下设 14 个专业委员会，并以专委会为抓手组织多学科、多层次的学术交流，包括但不限于学术年会、研讨会、高峰论坛、巡讲、沙龙等。近五年年平均举办场次逾 30 场，线下、线上参会人数达数万人。为进一步推动浙江省神经科学相关领域的发展，切实实现了反哺社会，同时提升学会的社会影响力，学会自 2022 年起开设特色项目资助，面向下属分支机构、学会理事、会员等，就学术交流、青年人才培养、科普等方面的活动进行支持，仅三年时间学会立项项目金额已达到 174 万元。为进一步规范科普项目实施，发挥科普宣传在造福广大人民中的重要作用，学会特设立科普工作委员会对其进行指导。同时，为大力促进相关领域青年人才培养，学会特设立了青年工作委员会。近年来除学会学术年会外，还组织了中国人脑组织库建设研讨会、疑难未诊断运动障碍疾病国际研讨会等特色活动。

（11）湖南省神经科学学会 Hunan Society for Neuroscience，HNSN

微信公众号：湖南省神经科学学会

学会成立于2014年12月，由湖南省内神经科学工作者自愿组成，是一个专业性的非营利性学术社会团体。学会现有会员五百余名，设立了十余个专业委员会。学会理事长唐北沙教授。学会非常关注神经科学基础与临床相结合，每年通过组织学会学术年会、国际研讨会等学术交流活动，为神经科学基础研究、临床研究工作者提供了一个互相合作与学习的平台，推动了神经科学研究成果转化及在临床中的应用，特别是在神经科学理论体系建设、技术方法创新、人工智能与脑机接口开展等领域，与神经退行性疾病、精神退行性疾病、脑血管疾病、颅内肿瘤等疾病相结合，在相关领域中取得了突破性研究成果。学会的品牌活动，如湖南省神经科学学术年会、脑科学与脑疾病国际研讨会，已成为神经科学领域的重要学术平台。学会在神经科学、神经病学、精神病学等领域的科普宣传方面表现尤为突出。通过举办湖南省神经科学科普创意大赛，学会借助多种形式，如绘画、短视频等，将复杂的神经科学概念生动地传递给公众，增强了大众对神经科学的认识与兴趣。学会还组织了多场义诊和健康宣教活动，帮助普及神经科学知识、神经疾病防治知识等，真正做到了科学服务于社会。

（12）江苏省神经科学学会 Jiangsu Society for Neuroscience，JSSN

微信公众号：江苏省神经科学学会

学会于 2016 年在江苏南通成立，由江苏省内科研、教学和医院等单位中的神经科学工作者组成，是具有独立法人资格的非营利性社会团体。上级主管单位是江苏省科学技术协会，现挂靠于南通大学。历任理事长是丁斐教授，现任理事长是谢维。

学会通过多年的建设和发展，在省科协的指导和帮助下，成立中共江苏省神经科学学会理事会党建工作领导小组，学会分别设立青年工作委员会、神经肿瘤和神经损伤专业委员会、脑科学创新与转化分会等分支机构。学会依托学会网站、微信公众号等媒体宣传渠道，积极参与国内外神经科学相关学术活动。开展了以服务会员为宗旨，服务社会为目标的各项工作内容，年均举办神经科学相关学术会议、培训课程二十余次，参会人员达到三千人次。同时积极开展人才举荐工作，先后推举多位国家和科技部的智库专家、获得中国青年科技奖、首届江苏优秀青年女科学家的候选人，多次获得江苏省科协青年科技人才托举工程、江苏省行业领域十大科技进展提名、江苏省自然科学百篇优秀学术论文提名。在品牌活动建设方面，建设了神经科学青年科学家论坛、江苏省神经科学研究生创新论坛、青少年科普开放日等品牌活动。学会未来规划建设成为省内一流学会，争创学会科普先锋，提升学会国内外影响力，为国家有关科技创新发展的相关重大问题提供政策咨询。

（13）山东省神经科学学会 Shandong Neuroscience Society，SDNS

微信公众号：山东省神经科学学会

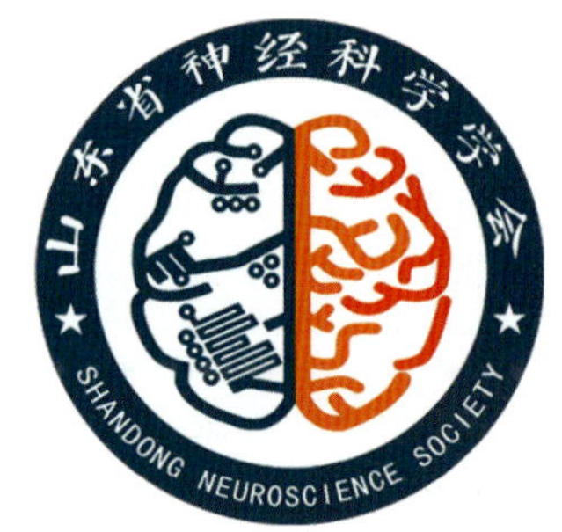

学会是经山东省民政厅批准，由本省从事神经科学研究的专家、学者、研究工作者等自愿结成的全省性、学术性、具有独立法人资格、非营利性社会组织，省一级社团。学会于2018年3月31日正式成立，挂靠济宁医学院。历任理事长和现任理事长是白波教授。2024年7月24日经山东省民政厅批准，学会办公住所变更至济南市历城区华悦路汉峪金谷A6-2栋12楼D区D002。

学会下设有21个分会和多学科委员会。着力打造了济南脑科学发展大会、山东省神经内科规范化诊疗巡讲活动、认知障碍与相关疾病系列论坛、世界脑炎日、“医体融合，预防卒中”公益宣传、中国神经疾病营养支持操作规范培训基地、山东睡眠医学大会、山东神经科学国家级继续医学教育项目、认知与行为治疗管理论坛等多个学术品牌；配合国家战略，开展西部医学援助活动，援建青海、新疆、西藏等省市自治区对口医院远程医疗服务体系；依托《中华行为医学与脑科学杂志》，开展“行为健康，全民健康”公益宣传，助力全民健身、爱国卫生运动。把神经科学与行为医学有机地结合在一起，为繁荣发展我省神经科学事业做贡献。

（14）云南省神经科学学会 Yunnan Society for Neuroscience，YNSN

微信公众号：云南省神经科学学会 YNSN

云南省神经科学学会
Yunnan Society of Neuroscience

学会是由云南省的科研、教学和医院等单位中的神经科学工作者组成的，具有独立法人资格的非营利性社会团体。云南省具有悠久的神经科学研究基础，蔡景霞和李树清等老一辈神经科学家不仅奠定了云南省的神经科学研究基础，还培养了一大批神经科学研究带头人，此外，神经科学研究也遍及我省的高校、研究所和医院。2018 年 1 月，由徐林、许秀峰、宿兵、白洁等教授发起成立；9 月，云南省民政厅批复同意成立云南省神经科学学会，上级主管单位是云南省科学技术协会，现挂靠于中国科学院昆明动物研究所。成立云南省神经科学学会将极大促进云南省神经科学从业者省内和国内的交流与合作，提升云南省的神经科学研究的整体水平，推动云南省脑科学研究积极加入中国脑计划。

2018 年至 2024 年，学会成立以来，一直致力于促进云南省与国内神经科学领域机构、专家的交流与合作，每年开展的年会吸引了全国大量学者、学生、机构和企业参加；充分利用实验室微信公众平台，将科研进展向社会公众推送，扩大宣传力度，提升了云南省的神经科学研究的整体水平，推动了云南省脑科学研究的发展。学会每年 8 月定期举办学术会议，会议的交流形式包括省内外神经科学领域顶尖的科学家做大会特邀报告、专题报告，研究生论坛。交流的内容广泛，涵盖神经和精神疾病的临床和基础研究，灵长类神经疾病模型，脑机接口，人工智能和成瘾相关机制等。通过组织这些活动，学会不仅为会员提供了一个展示研究成果的平台，更为广大科研人员提供了学习前沿技术和理念的机会。

（15）内蒙古神经科学学会 Inner Mongolia Neuroscience Society，IMNS

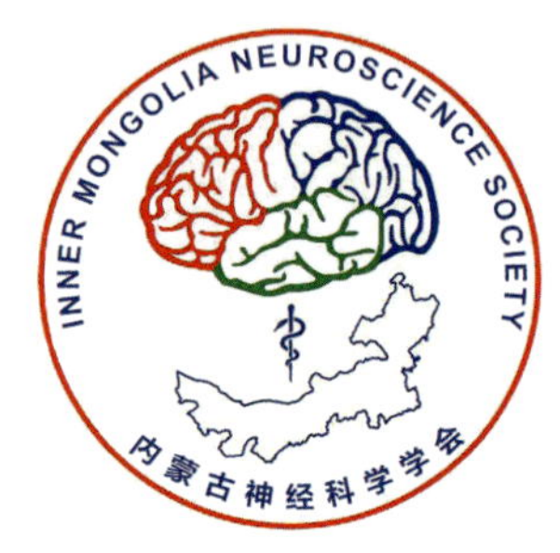

学会于 2020 年 8 月 30 日经内蒙古民政厅、内蒙古科协备案后在内蒙古呼和浩特市正式成立。业务主管单位、办事机构支撑单位为内蒙古自治区人民医院。现任学会理事长是内蒙古自治区人民医院神经血管科吴日乐教授。目前注册会员 300 余名，其中中共党员 85 名，会员分布于我区各个盟市。神经科学学会成立至今已申请成立内蒙古神经科学学习神经外科分会，神经康复分会，神经内科分会，神经分子病理分会，神经解剖分会等。

学会通过多媒体、医联体、学术交流、定期义诊等多种方式宣传指导我区人民培养良好健康生活方式，预防危险因素的产生；特别是针对脑卒中高危人群，通过早期改善不健康生活方式，及早控制危险因素。2020 年 12 月 11 日学会将共建工作与“宪法宣传周”“关爱老人、关注卒中”活动相结合，联合神经外科党支部、伊利集团奶粉金海伊利党支部、呼和浩特市土左旗塔布赛乡城留村党支部在建村一城留村举办“法律知识进基层、爱心义诊暖人心”联合科普活动。脑卒中筛查与防治走进社区，走进乡村，普及健康科普知识，提高脑卒中防控意识，倡导健康生活方式。2021 年 2 月 23 日自治区党委统战部五处联合机关党委联合党支部、伊利集团液态奶内蒙古奶源大区党支部、塔布赛乡雨施格气村党支部、内蒙古十八方商贸有限公司、内蒙古医院神经外科党支部等多个党支部举办“铸牢中华民族共同体意识暨走基层送温暖”主题党日活动。2021 年 5 月在呼和浩特举办第三届草原脑血管病论坛、高血压脑出血内镜治疗及尸头解剖培训班。参加本次学习班的授课专家主要由来自全国各地知名专家，包含首都医科大学宣武医院、北京天坛医院、上海东方医院等以及本区各地区的主任专家。7 月 9 日在内蒙古阿拉善盟巴彦浩特举办中国神经内镜微创治疗高血压脑出血技术推广会及高级培训班，卫生部内镜与微创医学培训基地微创神经外科论坛及培训班（第十七届）暨第四届内蒙古自治区神经内镜高峰论坛及神经内镜推广培训班。2024 年 7 月在呼和浩特市举办 2024 年内蒙古神经科学学会学术年会，内蒙古自治区医师协会神经介入医师分会 2024 年会，第四届草原脑血管病论坛等。

（16）吉林省神经科学学会 Jilin Society For Neuroscience，JLSN

2020年12月，邱德来、柳巨雄、朱筱娟、崔然吉、冯加纯、赖良学、万朋、高俊涛发起筹备成立吉林省神经科学学会，并在延吉市召开了两次会议，起草了建议成立吉林省神经科学学会的报告，并递交至吉林省科学技术协会。2021年1月，由吉林省科学技术协会批准，吉林省神经科学学会第一次会员大会暨第一届理事会在延吉市延边大学举行，学会正式成立。现任理事长是邱德来教授。

吉林省神经科学学会年会即吉林省学术会议，是吉林省神经科学领域规模最大、学术水平最高的学术会议。随着脑科学的迅速发展，自 2021 年成立，坚持每年召开一次吉林省学术会议，已经成功举办四届。2021 年 11 月在吉林省延吉市召开“吉林省神经科学学会、吉林省生理学会第一届博士论坛暨第二届理事会”。2022 年 12 月，在吉林省吉林市召开吉林省生理学会、吉林省神经科学学会第二届博士生学术论坛暨第三届理事会。2023 年 12 月，在吉林省吉林市召开吉林省生理学会与神经科学学会学术年会。2024 年 8 月，在吉林省吉林市召开第十三届东北三省生理科学会暨首届“三省一区”神经科学科研、教学研讨会。

（17）四川省神经科学学会 Sichuan Society For Neuroscience，SCSN

四川省神经科学学会于 2025 年 1 月正式成立，由四川省科学技术协会主管。在陈华富教授等多位专家的积极倡导下，学会汇聚了来自四川大学、电子科技大学、西南医科大学、成都中医药大学等全省多家高校及附属医院的 150 余名会员，涵盖神经科学领域的科研人员与临床医生。学会组织架构完善，陈华富教授担任首届理事长，游自立教授担任秘书长，下设临床、基础、医工结合、青年等四个分委会，充分体现了四川省神经科学领域的多元化发展。学会以“促进神经科学学术交流，培养优秀青年人才”为宗旨，致力于推动神经科学事业的发展。

展望未来，四川省神经科学学会将继续以创新驱动、学术引领为核心，推动神经科学的发展。学会将加强科研与临床结合，推进精准医学，加速神经系统疾病基础研究向临床应用的转化；推动国际化合作，引入前沿研究方法，提升四川省在国际学术界的竞争力；加快科技成果转化，加强学术界与企业的合作，助力新药物、新疗法的产业化进程，为患者提供更先进的治疗方案；完善人才培养体系，支持青年科学家的成长，为神经科学领域输送更多高水平人才。

（18）深圳市脑科学学会 Shenzhen Society For Neuroscience，SZSN

微信公众号：深圳市脑科学学会

学会由中国科学院深圳先进技术研究院、深圳市人民医院、深圳市第二人民医院、深圳大学、南方科技大学、北京大学深圳研究生院、深圳理工大学、深圳湾实验室、深圳市神经科学研究院的脑科学专家作为共同发起人，于2022年成立，现任理事长是中国科学院深圳先进技术研究院王立平教授。作为脑科学产业主要依托的社会组织，学会牵头成立了深圳市脑科学与脑机工程产业联盟。

学会和联盟在深圳市科协、深圳市科创局等主管单位的指导下，整合全球脑科学学术、产业资源，汇聚科研院所、医院、企业、专业投资机构、脑科学企业，自成立以来，建立“需求方出题、科技界答题”机制，每年举办全球范围学术、产业交流活动几十场，帮助超百家企业落地深圳，投融资总额超十亿元，产业总估值超百亿元，为深圳市凝聚了近两千名脑科学学术、技术、产业高级人才团队。已在党建引领、智库建设、项目承接、品牌活动、科技传播、标准资质、创新联盟等方面形成核心影响力。

自学会成立以来，已举办二十余场大型国际学术、产业会议，其中包括以解决临床需求为目标的“百名深医设施汇”、以“科技加金融”为主题的“国际脑产业峰会”、汇聚全国神经领域大咖的“环路示踪与针灸大会”、以“基础加临床”为主题的深圳市脑科学学会学术年会等。其中，已经连续四届举办光明科学城大会，是我国脑与健康领域规模盛大、覆盖面广、科技、产业与资本界共同融合、参与度极高的盛会，共计吸引线下、线上二千六百万余人参与，受到了社会各界的广泛关注。此外，联盟在深圳市科创委的指导下，链接全国超五百家脑科学企业，汇聚国际创新资源，推出“访名院”“中华名医光明汇”“走脑企、送百策”“会员日”等特色品牌活动，将深圳打造为全国脑科学产业峰会集聚地，为服务创新驱动发展战略，探索新机制、聚集新资源、增加新动能。

（19）珠海市神经科学学会 Zhuhai Society For Neuroscience，ZHSN

学会是由珠海市的科研、教学、医院等单位中神经科学工作者组成的，具有独立法人资格的非营利性社会团体。珠海市神经科学学会是落实省委、省政府高质量发展会议精神和《2023 年珠海市政府工作报告》关于为粤港澳大湾区澳珠极点发展拓展新空间的新目标，加快与合作区共建广东省智能科学与技术研究院等的积极实践。学会自 2022 年获得珠海市科学技术协会批准后于 2023 年 4 月成立，目前会员人数 151 人。现任理事长是李昌林教授。

学会立足横琴，有效推动与澳门大专院校以及科研院所的交流合作。团结珠海市神经科学工作者，积极开展学术活动，普及神经科学技术知识，为出成果、出人才、为神经科学以及脑科学发展做贡献。增进神经科学科技工作者的了解和友谊，共同分享学术研究、产业发展的经验和最新技术，搭建神经科学青年学者交流平台和人才智库，推动神经科学的协同创新和技术产业发展。

7. 人才举荐及奖励

两院院士成功推荐			
年份	姓名	单位	备注
2021 年	高天明	南方医科大学	中国工程院院士 南方医科大学教授、博士生导师 粤港澳大湾区脑科学与类脑研究中心主任、精神健康研究教育部重点实验室主任 国家杰出青年科学基金获得者、教育部长江学者特聘教授 现任学会监事、曾任学会副理事长
2023 年	时松海	清华大学	中国科学院院士 清华大学生命科学学院院长、教授 清华大学 -IDG/ 麦戈文脑科学研究院院长、北京生物结构前沿研究中心 PI 现任学会常务理事及神经干细胞和组织工程分会主任委员
全国创新争先奖成功推荐			
第二届	孙长凯	大连理工大学	大连理工大学智能科学与技术研究院返聘教授 大连市皮肤病医院指导院长与首席科学家 原大连医科大学二级教授、曾任学会理事
第三届	李毓龙	北京大学	北京大学生命科学学院教授 北京大学 – 清华大学生命科学联合中心、北京大学 IDG 麦戈文脑科学研究所研究员 国家杰出青年科学基金获得者、第三届全国创新争先奖、新基石研究员、张香桐神经科学青年科学家奖、谈家桢生命科学奖和首届“科学探索奖”等 现任学会常务理事
中国青年科技奖			
第十七届	柴人杰	东南大学	东南大学首席教授、东南大学生命健康高等研究院执行院长 中国细胞生物学学会发育生物学分会副会长等、ESCI 期刊 *Flavour and Fragrance Journal* 等期刊主编 教育部长江学者特聘教授、国家重点研发计划首席科学家，青年千人、国家优青，第三届全国创新争先奖、谈家桢生命科学创新奖、华夏医学科学技术奖一等奖、中国青年科技奖等

续表

年份	姓名	单位	备注
第十八届	刘　真	中国科学院脑科学与智能技术卓越创新中心	中国科学院脑科学与智能技术卓越创新中心研究员 第二十五届“中国青年五四奖章”、第十八届中国青年科技奖、上海市科技系统“优秀共产党员”、2021 上海市青年五四奖章标兵，2019 何梁何利科技创新奖
赛诺菲中国神经科学优秀学者奖（2009—2015）			
2009 年	王以政	复旦大学附属华山医院	中国科学院院士 复旦大学教授、博士研究生导师 复旦大学附属华山医院国家老年疾病临床医学研究中心主任，国家神经疾病医学中心首席科学家，中国人民解放军军事医学科学院特聘研究员 国家杰出青年科学基金获得者、2009 年赛诺菲中国神经科学优秀学者奖 现任学会监事长、曾任学会副理事长
2009 年	高天明	南方医科大学	详前
2010 年	徐天乐	上海交通大学	上海交通大学特聘教授、上海交通大学医学院解剖学与生理学系主任、松江研究院执行院长 中国生理学会副理事长、上海市神经科学学会理事长 国家杰青和长江学者、2010 年度张香桐青年神经科学家奖等奖项 现任中国神经科学学会副理事长
2011 年	周江宁	中国科学技术大学	中国科学技术大学讲席教授、安徽医科大学脑科学研究院院长 曾任安徽省神经科学学会理事长 获得安徽省科技进步（自然科学类）一等奖、教育部自然科学二等奖等奖项 学会荣誉会员、曾任学会常务理事
2013 年	周嘉伟	中国科学院脑科学与智能技术卓越创新中心	中国科学院脑科学与智能技术卓越创新中心高级研究员 国家杰出青年科学基金获得者、首届全国创新争先奖状、赛诺菲中国神经科学优秀学者奖、上海市领军人才等 曾任学会常务理事、神经退行疾病分会主任委员、神经胶质细胞分会主任委员

续表

年份	姓名	单位	备注
2014 年	熊志奇	中国科学院脑科学与智能技术卓越创新中心	中国科学院脑科学与智能技术卓越创新中心高级研究员 国家杰出青年科学基金获得者、国务院特殊津贴、赛诺菲中国神经科学优秀学者奖、国家百千万人才工程、有突出贡献中青年专家奖、张香桐基金会青年神经科学家奖、上海领军人才、上海市优秀学术带头人、中国科学院上海分院杰出青年科技创新人才奖等 现任学会常务理事
2015 年	胡海岚	浙江大学	浙江大学脑科学与脑医学学院院长 九三学社浙江省委会常委、浙江大学欧美同学会副会长 国家杰出青年科学基金获得者、教育部长江学者特聘教授、国家“万人计划”、第十二届中国青年女科学家奖、第十四届中国青年科技奖、谈家桢生命科学奖、科技部中国科学十大进展、国际脑研究组织 IBRO-Kemali 神经科学国际奖、何梁何利基金科学与技术进步奖、第二届全国创新争先奖、联合国教科文组织世界杰出女科学家奖等 *Cell*、*Annu Rev Neurosci* 等期刊编委 现任学会常务理事
中国神经科学学会神经科学成就奖（2019—2028） CNS-CST Outstanding Neuroscientist Award			
2019 年	杜久林	中国科学院脑科学与智能技术卓越创新中心	中国科学院脑科学与智能技术卓越创新中心副主任 国家杰出青年科学基金获得者、国家“万人计划”领军人才、上海市自然科学牡丹奖、上海市领军人才、上海市优秀学术带头人、中国神经科学学会神经科学成就奖（CNS-CST Outstanding Neuroscientist Award）、张香桐神经科学青年科学家奖、上海市自然科学一等奖 现任学会副理事长
2019 年	李晓明	浙江大学	浙江大学副校长、医学院党委书记、神经科学研究所所长、医学院附属第二医院脑科中心主任 教育部“长江学者”特聘教授、中组部“万人计划”科技领军人才、国家杰出青年基金、谈家桢生命科学创新奖、“吴杨”奖、中国神经科学学会神经科学成就奖（CNS-CST Outstanding Neuroscientist Award）、中华医学科技一等奖 现任学会常务理事

续表

年份	姓名	单位	备注
2021 年	鲁友明	华中科技大学	华中科技大学同济医学院副院长、华中科技大学脑研究所所长 中组部国家特聘专家、教育部脑医学基础研究创新中心主任、“记忆神经环路与分子机制”的研究获 2021 年湖北省自然科学奖一等奖、教育部首批“黄大年式教师团队”称号 曾任学会理事
2021 年	钟　毅	清华大学	清华大学教授、研究员 “Pew”生物医学优秀学者奖、曾任学会常务理事、学习记忆基础与临床分会主任委员
2023 年	李毓龙	北京大学	详前
2024 年	薛　天	中国科学技术大学	中国科学技术大学校长助理 视觉健康全国重点实验室副主任、国务院学位委员会第八届学科评议组成员（生物学、生物工程）、教育部、基金委员会委员等 国家杰出青年基金获得者、基金委创新研究群体项目负责人、科技部重点研发计划项目首席、中国生命科学十大进展、中国神经科学重大进展、*Cell* 杂志最佳论文、新基石科学探索奖、第十三届谈家桢生命科学创新奖、张香桐神经科学青年科学家等 现任学会常务理事
张香桐神经科学青年科学家奖			
2009 年	罗敏敏	北京脑科学与类脑研究所	北京脑科学与类脑研究所所长 *Neuron* 编委 国家杰出青年科学基金、北京市最高层次专业技术人才选拔和培养计划、吴阶平医学研究奖—保罗·杨森药学研究奖、新基石研究员等 现任学会副理事长
2009 年	徐天乐	上海交通大学	详前

续表

年份	姓名	单位	备注
2011 年	王　韵	北京大学	北京大学博雅特聘教授、北京大学临床医学高等研究院副院长、神经科学研究所副所长 中国生理学会理事长、教育部基础医学教学指导委员会副主任委员、亚大生理联合会（FAOPS）第一副主席 国家杰出青年基金获得者、教育部长江特聘教授、张香桐神经科学青年科学家奖及五洲女子科技奖、北京市教学名师、“教育先锋”先进个人、北京大学教学成就奖、北京大学教材特聘教授和北京大学十佳教师等 现任学会常务理事
2011 年	罗振革	上海科技大学	上海科技大学生命科学与技术学院院长 中国细胞生物学学会副理事长 全国教育系统先进工作者、第十届中国青年科技奖、第八届上海市自然科学牡丹奖、张香桐青年神经科学家奖、中国科学院杰出科技成就奖、神经发育与可塑性团队突出贡献者、第四届谈家桢生命科学创新奖、神经损伤修复与再生调控的相关机制研究、华夏医学科技奖一等奖、寨卡病毒爆发及致病机制研究、北京市自然科学一等奖等 现任学会常务理事
2013 年	熊志奇	中国科学院脑科学与智能技术卓越创新中心	详前
2015 年	杜久林	中国科学院脑科学与智能技术卓越创新中心	详前
2015 年	杨振纲	复旦大学	复旦大学研究员、脑科学研究院副院长 国家杰出青年科学基金获得者、教育部长江学者特聘教授、张香桐神经科学青年科学家奖等 现任学会常务理事

续表

年份	姓名	单位	备注
2017年	禹永春	复旦大学	复旦大学研究员、医学神经生物学国家重点实验室副主任 上海市神经科学学会副理事长 国家杰出青年科学基金获得者、科技部中青年科技创新领军人才、上海市优秀学术带头人等 现任学会理事
2017年	章晓辉	北京师范大学	北京师范大学IDG麦戈文脑科学研究院、研究员 中国科学院优秀研究生指导教师奖、国际人类前沿科学计划组织事业发展奖、Cell Press-2017年中国年度论文奖、美国MIT Greater China Fund for Innovation、国家科学技术进步一等奖（2023-J-253-1-01-R05，排名第五）、赛洛菲·安万特优秀青年科学家奖等 现任学会理事、突触与神经可塑性专业分会主任委员
2019年	李毓龙	北京大学	详前
2019年	于　翔	北京大学	北京大学教授 国家杰出青年科学基金获得者、教育部长江学者特聘教授、北脑学者、张香桐神经科学青年科学家奖、“万人计划”科技创新领军人才、上海领军人才、第十一届中国青年女科学家奖等 现任学会国际工作委员会委员
2021年	仇子龙	上海交通大学医学院松江研究院	上海交通大学医学院松江研究院教授、资深研究员、博士生导师 国家杰出青年科学基金获得者、享受国务院政府特殊津贴、中国科学院上海分院杰出青年科技创新人才奖、药明康德生命化学研究奖、科技部中青年科技创新领军人才、中组部“万人计划”、上海市优秀学术带头人、张香桐青年科学家奖、2022年度上海市自然科学奖一等奖等 曾任学会理事
2021年	薛　天	中国科学技术大学	详前

续表

年份	姓名	单位	备注
2023 年	曹　鹏	北京生命科学研究所	北京生命科学研究所高级研究员 国家杰出青年科学基金、国家优秀青年科学基金、科技部中青年科技创新领军人才、国家自然科学二等奖（第三完成人）、获中国神经科学学会 2022 年度“中国神经科学重大进展”“张香桐神经科学青年科学家奖”、新基石基金会“科学探索奖”等
2023 年	张　智	中国科学技术大学	中国科学技术大学讲席教授、安徽医科大学副校长、基础医学院院长 安徽省神经科学学会理事长 国家高层次引进人才、国家杰出青年基金获得者、科技创新 2030“中国脑计划”首席科学家、国家重点基础研究发展计划首席科学家、张香桐神经科学青年科学家奖等 现任学会理事
CNS-NeuroXess 青年科学家基金项目（2022—2025）			
2022 年	李朝阳	复旦大学	复旦大学青年研究员 （首届）CNS-NeuroXess 青年科学家基金项目、长三角神经科学青年科学家奖等奖项、入选国家高层次青年人才计划、上海市高层次青年人才计划、博士后创新人才支持计划等
2022 年	竺淑佳	中国科学院脑科学与智能技术卓越创新中心	中国科学院脑科学与智能技术卓越创新中心研究员 获得国家高层次人才青年项目、中国神经科学重大进展奖项、（首届）CNS-NeuroXess 青年科学家基金项目、第二届钟南山青年科技创新奖、获得 2024 年上海市五一劳动奖章、担任美国神经科学学会 SfN program committee member（2024—2027）等 现任学会青年工作委员会委员
2024 年	刘　真	中国科学院脑科学与智能技术卓越创新中心	详前

续表

年份	姓名	单位	备注
2024 年	朱晓娜	上海交通大学	上海交通大学医学院附属精神卫生中心研究员 上海市神经科学学会青年创新工作委员会秘书 CNS-NeuroXess 青年科学家基金项目、长三角神经科学青年科学家奖、张香桐神经科学优秀论文奖、JNS Travel Award 等 国家自然科学基金面上和青年项目等
未来女科学家计划			
2020 年	钟穗娟	北京师范大学	北京师范大学心理学部研究员 入选 2020 年度未来女科学家计划、中国科学技术协会“第五届青年人才托举工程”、国家优秀青年科学基金、2030—“脑科学与类脑研究”青年项目负责人、2023 年度北京市科学技术奖自然科学奖一等奖、2020 年度北京市科学技术奖自然科学奖二等奖、2020 年度中国生命科学十大进展等
中国科学技术协会青年人才托举工程			
届次	姓名	单位	备注
第二届	李　俊	北京大学第六医院	北京大学第六医院（精神卫生研究所）副研究员 兼任中国神经科学学会精神病学基础与临床分会青年委员、《中华精神科杂志》、*BMC Medicine* 等期刊编委 入选中国科学技术协会“第二届青年人才托举工程”、国家“万人计划”青年拔尖人才项目、承担国家自然科学基金和科技部科等九项国家级科研项目等
第二届	朱丽娟	东南大学	东南大学医学院博士生导师 江苏省杰出青年基金获得者、入选中国科学技术协会第二届青年人才托举工程、江苏省六大人才高峰高层次人才、仲英青年学者等
第三届	张白冰	中国科学院脑科学与智能技术卓越创新中心	入选中国科学技术协会第三届青年人才托举工程、中国科学院神经所博士后奖励基金等

续表

届次	姓名	单位	备注
第四届	汪　仪	浙江中医药大学	浙江中医药大学人事处副处长、浙江中医药大学研究员 浙江省神经药理学与转化研究重点实验室副主任、现任中国药理学会神经精神药理学专委会青委副主任委员等 国家优秀青年科学基金获得者、入选中国科学技术协会第四届青年人才托举工程等
第五届	穆　迪	广东省智能科学与技术研究院	广东省智能科学与技术研究院研究员 兼职澳门科技大学药学院博士研究生导师 主持国家自然科学基金青年项目及面上项目、广东省自然科学基金杰出青年项目等，入选中国科学技术协会第五届青年人才托举工程等
第五届	钟穗娟	北京师范大学	详前
第六届	王　浩	浙江大学	浙江大学医学院附属精神卫生中心副研究员 中华医学科技一等奖、中国科学技术协会第六届青年人才托举工程、首届全国神经科学学术创新青年科学家奖、浙江省杰出青年基金获得者、入选浙江省特殊支持计划青年拔尖人才等
第六届	尚从平	广州国家实验室	广州实验室研究员 基金委优秀青年基金、中国科学技术协会第六届青年人才托举工程、张香桐神经科学优秀研究生论文奖（2017）、主持国家级项目等
第七届	黄鲁	暨南大学	暨南大学研究员 主持多项国家级项目、获国家高层次人才特殊支持计划（国家万人计划青年拔尖人才）、入选中国科学技术协会第七届“青年人才托举工程”、广东省杰出青年基金获得者、广东省创新人物奖等
第八届	周文杰	上海交通大学医学院松江研究院	上海交通大学医学院松江研究院研究员 入选国家“万人计划”青年拔尖、上海市东方英才、中国科学技术协会第八届青年人才托举工程、主持国家自然科学基金面上、青年项目及上海市自然科学基金“原创探索”等

续表

届次	姓名	单位	备注
第八届	徐丽臻	中国科学院脑科学与智能技术卓越创新中心	中国科学院脑科学与智能技术卓越创新中心博士后 入选中国科学技术协会第八届青年人才托举工程、中科院特别研究助理资助项目、上海市超级博士后、中国博士后科学基金第七十二批面上资助等
第九届	曹克磊	上海交通大学	上海交通大学基础医学院助理研究员 担任 *Neural Regeneration Research*，*Brain-X* 等杂志青年编委、审稿人 入选中国科学技术协会第九届青年人才托举工程、第四十八届日本神经科学年会 Travel Award、长三角神经科学青年论坛卓越博士后奖等
第九届	曾健智	深圳湾实验室	深圳湾实验室启航学者 入选中国科学技术协会第九届青年人才托举工程、第十七届张锡钧基金全国青年优秀生理学学术三等奖、深圳市优秀博士后、张香桐神经科学优秀研究生论文奖、吴瑞奖等
第十届	胡佳希	海南大学	海南大学生物医学工程学院研究员 入选中国科学技术协会“第十届青年人才托举工程”、2022 年度中国神经科学重大进展、2022 年度中国科学技术大学生命科学与医学部杰出论文研究奖 A 类、2023 年中国科学技术大学生命科学与医学部第十六届研究生年会荣获优秀论文一等奖等
第十届	余小丹	中山大学	中山大学副研究员 入选中国科学技术协会第十届青年人才托举工程、2023 张香桐神经科学优秀研究生论文奖、2023 JNS Travel Awards、2022 年浙江大学优秀博士学位论文等

张香桐神经科学优秀研究生论文奖

2009 年	胡文钦	中国科学院脑科学与智能技术卓越创新中心
2009 年	杨　艳	中国科学院脑科学与智能技术卓越创新中心
2009 年	陈　飞	中国科学院脑科学与智能技术卓越创新中心
2009 年	曹　红	复旦大学

续表

2009 年	周秀萍	徐州医科大学
2009 年	徐　卓	南京医科大学
2009 年	殷东敏	华东师范大学
2009 年	霍福权	西安交通大学
2011 年	谭　洁	桂林医学院
2011 年	黄　菊	上海交通大学
2011 年	柏　峰	东南大学
2011 年	王俊岭	中南大学湘雅医院
2011 年	张　晶	南京医科大学
2011 年	黄智慧	杭州师范大学
2011 年	李安安	中国科学院武汉物理与数学研究所
2011 年	彭懿蓉	中国科学院脑科学与智能技术卓越创新中心
2013 年	张淑贞	中国科学院脑科学与智能技术卓越创新中心
2013 年	汪　菲	中国科学院脑科学与智能技术卓越创新中心
2013 年	杨　柳	中国科学院脑科学与智能技术卓越创新中心
2013 年	谭国鹤	广西医科大学
2013 年	李　茜	香港中文大学
2013 年	孙　薇	空军军医大学唐都医院
2013 年	薛言学	北京大学
2013 年	王俊岭	中南大学湘雅医院
2013 年	季　敏	南通大学附属医院
2015 年	朱丽娟	东南大学
2015 年	李　婷	兰州大学
2015 年	韩　勇	上海交通大学医学院松江研究院
2015 年	阎　鉴	北京师范大学

续表

2015 年	陈明贵	北京师范大学
2015 年	郑菁婧	中国科学院脑科学与智能技术卓越创新中心
2015 年	王德娟	浙江大学
2015 年	曹　雄	南方医科大学
2017 年	尚从平	广州生物岛实验室
2017 年	张举恩	北京生命科学研究所
2017 年	刘婷婷	复旦大学脑科学研究院
2017 年	李　翠	中国科学院遗传与发育生物学研究所
2017 年	李一丁	中国科学院脑科学与智能技术卓越创新中心
2017 年	熊小檍	陆军军医大学第二附属医院
2017 年	朱晓娜	上海交通大学
2017 年	姚园园	深圳医学科学院
2019 年	林　睿	北京生命科学研究所
2019 年	孙芳妙	北京大学
2019 年	穆　迪	广东省智能科学与技术研究院
2019 年	任栓成	陆军军医大学
2019 年	沈晨杰	浙江大学
2019 年	张光伟	陆军军医大学
2019 年	钟　林	中国科学院脑科学与智能技术卓越创新中心
2019 年	钟穗娟	北京师范大学
2021 年	王　斐	陆军军医大学
2021 年	朱正刚	浙江大学
2021 年	王　超	浙江大学
2021 年	李朝阳	复旦大学
2021 年	杨佳欣	北京师范大学
2021 年	王　浩	浙江大学医学院附属精神卫生中心

续表

2021 年	董海林	浙江大学
2021 年	邓穗馨	复旦大学
2023 年	张友谊	中国科学院脑科学与智能技术卓越创新中心
2023 年	朱　霞	中国科学技术大学
2023 年	陈婧菲	陆军军医大学
2023 年	冯宸章	中国科学院脑科学与智能技术卓越创新中心
2023 年	贾银行	浙江大学
2023 年	江曜民	北京大学
2023 年	余小丹	中山大学
2023 年	周　瑞	北京生命科学研究所
2023 年	曾健智	北京大学

图书在版编目（CIP）数据

启征程　致远航：中国神经科学学会三十周年纪念 / 中国神经科学学会编. -- 北京：中国科学技术出版社，2025. 8. -- ISBN 978-7-5236-1565-2

Ⅰ. Q189-53

中国国家版本馆 CIP 数据核字第 202594MB87 号

策划编辑　余　君
责任编辑　余　君
封面设计　中文天地
正文设计　中文天地
责任校对　焦　宁
责任印制　徐　飞

出　　版　中国科学技术出版社
发　　行　中国科学技术出版社有限公司
地　　址　北京市海淀区中关村南大街 16 号
邮　　编　100081
发行电话　010-62173865
传　　真　010-62173081
网　　址　http://www.cspbooks.com.cn

开　　本　787mm × 1092mm　1/16
字　　数　184 千字
印　　张　14.5
版　　次　2025 年 8 月第 1 版
印　　次　2025 年 8 月第 1 次印刷
印　　刷　北京瑞禾彩色印刷有限公司
书　　号　ISBN 978-7-5236-1565-2
定　　价　98.00 元